김석철의 세계건축기행

창비

김석철의 세계건축기행

초판 1쇄 발행 / 1997년 3월 15일
초판 21쇄 발행 / 2022년 7월 11일

지은이 / 김석철
펴낸이 / 강일우
펴낸곳 / (주)창비
등록 / 1986년 8월 5일 제85호
주소 / 10881 경기도 파주시 회동길 184
전화 / 031-955-3333
팩시밀리 / 영업 031-955-3399 · 편집 031-955-3400
홈페이지 / www.changbi.com
전자우편 / human@changbi.com

ⓒ 김석철 1997
ISBN 978-89-364-7033-3 03810

* 이 책 내용의 전부 또는 일부를 재사용하려면
 반드시 저작권자와 창비 양측의 동의를 받아야 합니다.
* 책값은 뒤표지에 표시되어 있습니다.

김석철의 세계건축기행

머리말

오늘의 우리 문화는 인간 자체에 몰두해서 그런지 인간공동체에 대해서는 무심하다. 공동체에 대해 논의한다 해도 대부분 정치적 관심일 뿐 인간집합의 공간형식인 건축과 도시에 대한 것은 거의 없다. 인간은 건축과 도시 형식을 벗어날 수 없는데도 건축과 도시는 지식인들의 관심 밖이다. 500만 도시인 강북의 문화 인프라는 조선시대의 역사공간 이외에 별것이 없고 30년 만에 이루어진 또다른 500만의 도시 강남의 수많은 건축물은 단지 필요와 유행을 따라가기에 바쁘다. 우리 모두의 것인 도시와 건축에 대해서 아무도 말하지 않는 가운데 도시의 공유공간인 역사공간과 문화공간과 자연은 반도시적 건축과 자동차의 행렬에 의해 부서져가고 있다. 나의 '세계건축기행'은 그러한 우리의 도시와 건축에 대한 반성에서 시작되었다.

해외 설계 일로 외국에 나가기도 했고 강의나 국제회의로 다닐 때도 있었지만 아무 일 없이 건축과 도시와 문명을 찾은 건축기행의 날들도 많았다. '예술의 전당'과 '베네찌아 비엔날레 한국관' 설계 때문에 유럽에 1년여 머물 때 시간나는 대로 유럽과 아프리카의 위대한 건축과 도시를 찾았다. 외국 대학에서 전시회와 강연을 하면서 그곳의 건축가들을 알게 되어 그들로부터 내가 미처 알지 못했던 많은 사실을 듣기도 했다. 그러는 20년 동안 건축과 도시를 보는 나의 안목도 많이 달라졌다. 내가 40년 가까이 살아온 서울과 우리의 옛 건축도 잘 모르면서 여행을 통해 만난 세계의 도시와 건축을 안다고 생각하는 것이 실은 과남한 일이나 '세계건축기행'을 통해 무심했던 우리의 도시와 건축에 대한 생각이 더욱 깊어진 것은 사실이다.

일상의 작은 성취에 안주하려는 나에게 '세계건축기행'은 항상 신선한 자극이 되었다.
20년간의 기행일기를 정리하던 중 1년 동안 『동아일보』 문화부팀과 '천년건축' 기획을
함께한 것은 원고를 만드는 데 많은 도움을 주었다. 기자들과 함께 천년건축들을
찾아다니면서 혼자서는 알기 어려운 것들을 새롭게 볼 수 있었고 건축가가 아닌
지식인의 안목으로 보는 소득도 많았다.
인간의 공간과 신의 공간, 죽음의 건축과 삶의 건축이 서로 다른 것이 아니었다. 건축과 도시는
인간의 역사를 증언하는 상형문자였다. 기번(E. Gibbon)의 『로마제국쇠망사』를 읽을 때보다
더 직접적인 것을 포로 로마노에서 느낄 수 있었고 베네찌아에 대한 수십 권의 책을 본 것보다
싼 마르꼬 광장과 리알또 다리를 걸으며 베네찌아를 더 깊이 알 수 있었다.
20년 동안 써온 글을 바탕으로 한 권의 책을 만들면서 어떤 범주화의 필요를 느꼈다.
그래서 죽음의 공간과 신의 공간, 삶의 공간과 인간의 공간이라는 네 가지 공간형식을 주제로
글을 구분하여 정리하였다.
처음 건축을 시작할 때부터의 화두였던 '죽음의 공간'을 먼저 다루었다. 40년 전 경주의
고분군을 보고 느낀 문명적 체험을 기억하면서 죽음의 공간들을 찾아보았다. 갠지스 강에서
본 장례의 장면이나 라마의 풍장은 자연과 삶과 죽음이 어우러진 충격적인 공간체험이었으나
'건축'이라는 이번 주제와 꼭 맞아떨어지는 것은 아니어서 다음 기회로 미루었다.
기자의 피라미드와 멕시코의 떼오띠우아깐, 지하의 무덤도시 까따꼼베와 세기적 로맨스로
승화된 죽음의 공간 타지 마할, 우리 시대의 공동묘지인 싼 까딸도 묘지 등을 다니며 죽음이

삶의 종말이 아니라 삶의 다른 한 형식이라는 것을 강하게 느꼈다.

'신의 공간'은 영원한 현재를 믿었던 인간이 새로이 찾은 신의 공간을 다룬 것이다. 신의 도시 아끄로뽈리스, 만신의 공간 빤테온과 일본의 상징적 건축 이세 신궁을 비교하며 보았다. 성묘 교회를 통하여 초기 기독교의 의미를 이해하고 아야 쏘피아를 보면서 비잔띤 문명을 알고 반석 위의 돔을 통해 이슬람을 공부하려 하였다. 천단을 보면서 조선호텔에 남은 원구단을 안쓰러워했고, 성 바씰리 사원을 보면서 변방의 문명이었던 러시아 건축이 서양건축사를 초월한 위대한 공간을 이룬 것에 크게 감동하고 한국건축을 다시 생각하였다.

'삶의 공간'과 '인간의 공간'은 서로 가르기가 어려웠으나 '삶의 공간'에는 인간집합의 도시 인프라와 문화 인프라에 속하는 공간을 모았다. 우리의 도시가 문화 인프라보다 사유(私有)의 공간에만 관심을 두는 이기적 도시인 것에 대해 문제를 제기하고 싶었다. 세계적인 문화 인프라인 맨해튼의 뮤지엄마일, 런던의 웨스트엔드, 빈의 링슈트라쎄 등도 꼭 다루고 싶었으나 현대도시의 원형공간인 로마의 포로 로마노와 1000년 동안 여러 시대의 건축가들이 함께 이룬 싼 마르꼬 광장 그리고 천년도시 카이로의 중앙시장 한 알 할릴리 등을 우선 다루었다. 도시에서 물의 문제는 생명의 문제인데 우리 도시의 물 문제는 이미 심각한 단계를 넘고 있어, 도시에 물을 공급했던 로마 시대의 가르 다리를 포함함으로써 주의를 환기하였다. 대부분의 도시는 강을 중심으로 발전하였고 다리는 도시의 중요한 공유공간이었다. 그런데 우리의 도시에서 강과 다리는 건너야 할 장애가 되어 있다. 리알또 다리를 싼 마르꼬 광장과 함께 다루어 다리가 도시의 주요 문화 인프라일 수 있음을 보이고자 했다. 구겐하임 미술관을 넣은 것은 적은 투자로 큰 효과를 갖는 문화 인프라의 예를 보이려는 의도였다. 1000평 미만의 공간을 뉴욕의 가장 중요한 명소 중 하나로 만든 맨해튼 스토리를 말하고자 하였다.

'삶의 공간'이 일종의 공유공간 형식인 데 비해 '인간의 공간'은 사유의 공간형식인 거주공간이라 할 수 있다. 지배자의 거주공간과 시민의 거주공간이 다르기는 하나 인간의 일차적 삶을 담는 공간이므로 함께 다루었다. 개인의 성으로 시작하여 2000년 동안 수없이 변해온 메가리데 성과 지난 600년 동안 아시아의 중심 정치공간이었던 자금성과 냉전시대 핵심공간의 하나였던 끄렘린을 비교 연구하는 일은 우리에게 시사하는 바가 클 것이라고 생각하였다. 고층 현대도시의 이미지가 발원하였다는 탑의 도시 싼 지미냐노를 살펴보았고, 바다에 솟아오른 아름다운 섬 그리스의 싼도리니는 제주도와 남해의 미래상을 염두에 두고 다루었다. 50년 전 330가구 1800명을 한 건축 속에 담은 마르쎄유의 유니뜨 다비따씨옹은 지금의 시각으로 보면 많은 문제가 있지만 인구의 대부분이 고밀도 주거형식을 택할 수밖에 없는 우리에게 아직 신선한 제안으로 남아 있다는 생각으로 살펴보았다.

그때그때 현장에서 감상을 써두었으므로 피라미드 같은 경우는 글이 여섯 개나 모였으나 매번 감상이 조금씩 달랐고, 로마에 갈 때마다 포로 로마노에 머물다 왔으므로 그곳에 대해서는 많은 사연의 기록이 있지만 정작 포로 로마노에 대한 감상은 거의 비슷했으며, 자금성의 경우는 경복궁과의 비교가 더 많이 기록되어 있었다. 지난 시간에 써놓은 글과 다시 가서 느낀 감상을 함께 정리하는 일이 이렇게 어려운지 몰랐다. 최근의 느낌만을 정리하면 훨씬 쉬웠겠지만

처음 갔을 때의 느낌이나 이해가 심화되는 과정을 독자들에게 보여주는 것이
더 의미가 있을 것 같았다.
주관적일 수밖에 없는 기행문 형식의 글이어서 더 자세한 것을 알고 싶은 이들을 위해
각 장의 앞부분에 자료 형식의 '들여다보기'를 실었다.
현장에 가는 이들에게 건축에 대한 참고자료가 되었으면 한다.
그러나 『세계건축기행』은 하나하나의 건축을 알게 하는 해설서이기보다 위대한 건축을 통해
문명을 읽게 하는 안내서로 씌어졌다. 무엇보다도 이 책이 자연과 역사와 인간이 하나가 된
우리 시대의 도시와 건축을 만드는 일에 작은 화두가 될 수 있으면 큰 보람이겠다.
우리의 도시와 건축은 우리 자신의 모습이다. 아름다운 도시와 건축이 가치있는 생활과 문명을
이루게 하지만 역으로 아름다운 문화가 있어야 아름다운 건축이 시작되는 것이다.
우리의 자연과 역사만한 것이 세상에 많지 않다. 이제 우리의 도시와 건축에 우리 문명의
아름다움을 만들어야 할 때다. 그들이 수백년에 걸쳐 이룬 것을 우리는 수십년 안에 이루어야
하므로 더 많이 그들을 연구하고 더 깊이 우리의 과거와 현재를 생각해야 한다.
『세계건축기행』이 세계의 도시와 건축을 이제부터 본격적으로 다시 연구하는
작은 출발이 되기를 기대한다.
원고의 완성도를 높이기 위해 가장 바쁜 석달을 보낸 창작과비평사 편집부 여러분께 감사한다.

1997년 2월

차례

머리말   5

제 1 부   죽음의 공간

피라미드   15
영원한 실재에 바쳐진 역사의 상형문자, 피라미드

까따꼼베   29
뚜파가 이루어낸 지하의 무덤 도시, 까따꼼베

타지 마할   39
위대한 사랑의 시학적 공간, 타지 마할

떼오띠우아깐   51
라틴아메리카 최대의 고대 도시국가, 떼오띠우아깐

싼 까딸도 묘지   59
죽은 자들의 작은 도시, 싼 까딸도 묘지

제 2 부   신의 공간

아끄로뽈리스   71
아테네 역사문화의 인프라, 아끄로뽈리스

빤테온   85
모든 신에게 바쳐진 공간, 빤테온

이세 신궁   97
일본 조형의지의 형이상학, 이세 신궁

성묘 교회   109
축복과 성령의 공간, 성묘 교회

아야 쏘피아   119
인류가 이룬 최고의 내부공간, 아야 쏘피아

반석 위의 돔   131
이슬람 시각예술의 정수, 반석 위의 돔

천단   143
공간으로 상형화된 중국인의 사상체계, 천단

성 바씰리 사원   155
러시아의 감수성이 만든 비잔띤 최고의 건축, 성 바씰리 사원

제 3 부   삶의 공간

    포로 로마노   167
    찬연한 로마 문명의 심장부, 포로 로마노

    가르 다리   177
    도시로 흐르는 물의 길, 가르 다리

    싼 마르꼬 광장   187
    수세기를 아우르는 건축군의 합창, 싼 마르꼬 광장

    한 알 할릴리   201
    천년도시 카이로 최대의 바자르, 한 알 할릴리

    구겐하임 미술관   211
    현대미술의 기념비적 산실, 구겐하임 미술관

제 4 부   인간의 공간

    메가리데 성   223
    나뽈리에 피어난 예언적 도시건축, 메가리데 성

    자금성   231
    역사가 숨쉬는 도시적 규모의 건축군, 자금성

    끄렘린   243
    육백년을 거듭난 모스끄바의 원형공간, 끄렘린

    싼 지미냐노   255
    아름다운 중세의 탑상 도시, 싼 지미냐노

    싼또리니   265
    오천년 문명을 포용하는 그리스의 작은 섬, 싼또리니

    유니뜨 다비따씨옹   279
    자연과 조화하는 고밀도 주거형식, 유니뜨 다비따씨옹

    후기   290

    김석철 작품연보   292

    건축용어 해설   296

    찾아보기   297

본문에 나오는 세계의 건축과 도시 위치도

- 뉴욕 (구겐하임 미술관)
- 메오따우이깐
- 이세 (이세 신궁)
- 베이징 (자금성/천단)
- 아그라 (타지 마할)
- 이스탄불 (성 소피아 교회/반석 위의 둠)
- 예루살렘 (성모 교회/반석 위의 둠)
- 카이로 (한 일 할릴리)
- 기자 (피라미드)
- 모스크바 (크렘린/성 바실리 사원)
- 베네치아 (산 마르코 광장/리알토 다리)
- 산 지미냐노
- 시에나
- 아테네
- 나폴리 (폼페이 성)
- 모데나 (대성당)
- 밀레세움
- 로마 (포로 로마노/아프로폴리스/카타콤베/판테온)
- 남기는 도래

본문에 나오는 세계의 건축과 도시 위치도

제 1 부

죽음의 공간

피라미드

현재 이집트에는 90개 정도의 피라미드가 남아 있는데, 그중 나일 강 서쪽 기자에 있는, 쿠푸 왕과 그의 후계자인 카프라, 멘카우라 왕의 피라미드만이 그나마 원형을 유지하고 있다. 바빌론의 공중정원은 붕괴하고 알렉산드리아의 등대 파로스는 지진으로 해체되었으며 아테네의 올림삐아 신전은 침략자들에 의해 약탈되었으나, 기자의 대피라미드는 세계 7대 불가사의 중 유일하게 남아 있다.

피라미드 들여다보기

지금부터 약 4500년 전 이집트의 나일 강 오른쪽 기슭, 카이로 서쪽 사막지대인 멤피스 지방에 돌과 벽돌로 된 정사각추 모양의 거대한 건조물이 만들어지고 있었다. 멤피스는 첫 이집트 왕조(BC 3200~2850)의 지배자 메네스가 나일 강의 일부를 매립한 땅이다.

기원전 332년까지의 이집트 왕조는 크게 초기왕조, 고왕조, 중왕조, 신왕조, 말기왕조 등 아홉 왕조군으로 분류된다. 이 중에서 피라미드(Pyramid) 시대는 고왕조 시대인 3왕조, 4왕조 때를 말한다. 이 시대에 왕은 왕비와 함께 피라미드 형태의 거대

기원전 3000년경, 나일 강 유역에는 이미 고유의 언어체계를 가진 발전된 문명이 있었다. 그들은 도시를 건설하고 피라미드 등의 기념적인 건축물을 세웠는데, 기하학과 구조역학에 상당한 지식이 있었음을 유추할 수 있다.

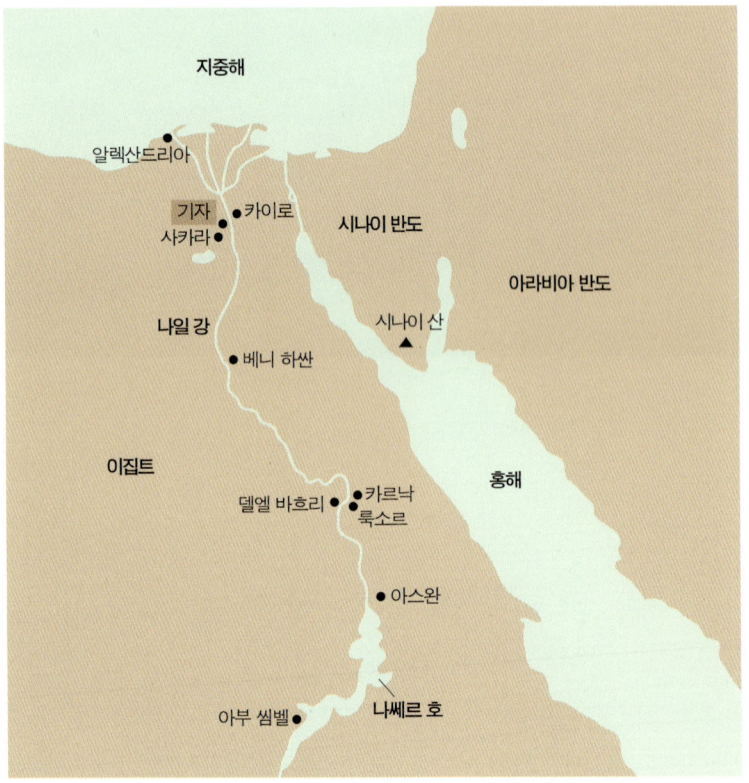

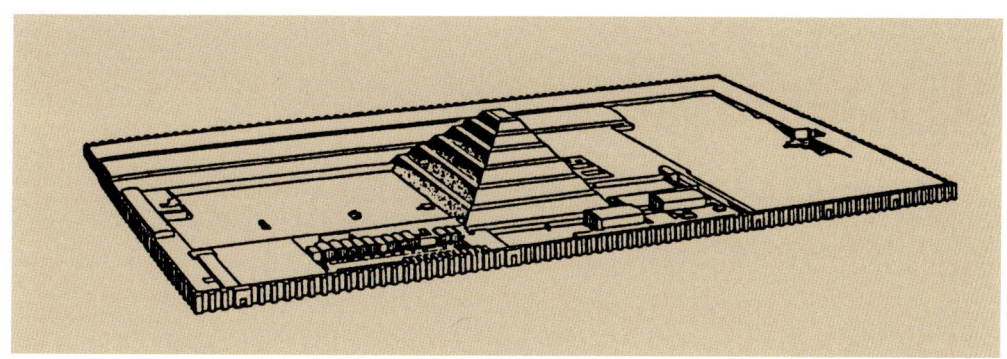

역사상 최초의 건축가로 기록된 임호텝이 설계한 대규모 복합 건물군인 조세르 왕의 계단피라미드. 기원전 2750년경의 것으로 카이로 부근 사카라에 있다.

한 구조물에 묻혔다.

　기자의 피라미드군은 왕권이 가장 강성했던 기원전 2600년경 만들어졌다. 그후에도 피라미드가 지어지긴 했으나 건축적 성과나 신앙의 중요성이 떨어진 복고풍이었다. 현재 이집트에는 90개 정도의 피라미드가 있으나 대부분 모래와 자갈로 분해된 고고학적 피라미드에 불과하다.

　미라의 영원한 삶의 공간은 마스타바(Mastaba)와 피라미드 그리고 석굴분묘(Temple)의 세 형태가 있다. 마스타바는 단이 진 직사각형 구조물로, 수직통로를 통해 외부와 연결되는 지하묘실 위에 세워졌다. 마스타바의 단순한 입체형태는 이집트인의 영원함과 안전에 대한 갈망 그리고 사후세계에 대한 관심을 나타내는데, 그 이면에는 존재와 삶을 영원히 이어가려는 인간의 본질적 욕구가 자리잡고 있다.

　마스타바에서 좀더 상징적으로 발전된 피라미드는 '카'[1]의 영원한 존재를 시각적으로 형상화한 것이다. 계단피라미드에서부터 시작한 이 피라미드는 미라가 된 파라오와 그의 재산을 보호하는 기능, 그리고 파라오의 절대적이고 신과 같은 권력을 상징하는 이중의 기능을 갖고 있다. 기자의 피라미드 이전 최대의 피라미드인 조세르(Zoser) 왕의 계단피라미드군은 역사상 최초의 건축가인 임호텝(Imhotep)이 설계한 대규모 분묘복합 건물군으로 나일 강의 쉬지 않는 흐름에서 영감을 받은 영원성과 연속성을 표현한다. 기자의 피라미드들은 제4왕조의 세 명의 파라오를 위한 것

[1] 이집트인은 인간이 물질적 요소와 정신적 요소로 분리될 수 있으며 이들은 상호작용을 한다고 믿었다. 이 중 비물질적 요소를 카(ka)라고 불렀는데 이 카는 신체를 손상하지 않고 보존해야 평안하다는 것이다. 카는 같은 시대에 같은 실체를 지니는 또다른 자기로 죽은 시신에 대해 살아 있는 이미지로 구별되며, 무덤은 바로 카의 집이다.

피라미드 17

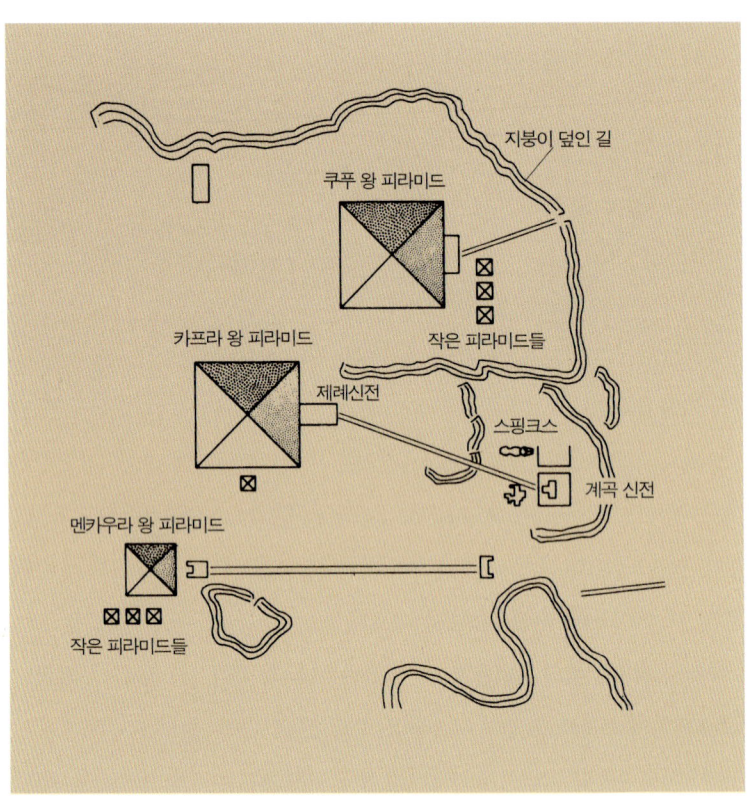

기자의 피라미드군 배치도.

으로 쿠푸(Khufu), 카프라(Khafra), 멘카우라(Menkaura)가 그들이다.

그리스식 이름인 케옵스(Cheops)로 더 잘 알려진 제4왕조의 쿠푸 왕은 기자의 서쪽 5마일 지점 서북쪽 구석에 최대 규모의 피라미드를 지었다. 그의 두 후계자도 같은 장소에 자신들의 피라미드를 지었고, 이 세 피라미드가 세계에서 가장 큰 역사적 기념비가 된 것이다. 기자의 피라미드들은 마스타바에서 시작된 건축이 진화한 것으로, 전체적인 건축군이 조세르 왕 피라미드만큼 치밀하고 엄격한 통일성을 갖고 있지는 않으나 거의 네 배의 크기인 최대의 피라미드군이다.

이 중에서 가장 큰 쿠푸 왕의 피라미드는 밑변의 길이가 230m에 5.29ha의 면적을 차지하고 원래 높이는 146m였다. 이집트를 주로 연구한 영국의 고고학자 페트리

(Flinders Petrie)에 의하면, 돌 하나의 평균 무게가 2.5톤이고 최고 15톤에 이르는 230만 개의 돌로 이루어져 있다. 나뽈레옹은 이 석재들로 프랑스 국경 전체에 담을 쌓을 수 있으리라 했다.

쿠푸 왕 피라미드의 내부는 대회랑[2]을 지나 파라오의 묘실로 들어가게 되어 있다. 왕의 묘실 아래쪽에는 왕비의 묘실이 있으며, 왕의 묘실로 연결되는 환기공은 피라미드의 표면에서 거의 수직으로 뚫려 있다. 왕의 묘실의 크기는 정확히 2:1 비례인 10.40×5.20m이며 대회랑의 높이는 8.50m이다.

이 피라미드의 동쪽에 제례가 행해지는 작은 신전이 있고, 지붕 덮인 높은 길을 따라 스핑크스가 있는 계곡의 신전으로 이어진다. 계곡의 신전은 가구식 구조[3]로서 가장 단순하면서도 절제된 추상적 형태이다. 쿠푸 왕과 카프라 왕이 106년을 다스리고 이후 멘카우라 왕이 45년을 더 통치해 멘카우라 왕이 마지막 피라미드를 만들었는데, 그의 피라미드는 쿠푸 왕 피라미드의 1/4 정도 규모다.

피라미드의 구조는 견고한 원추형 중심핵과 여기에 기대어 있는 몇 겹의 경사진 벽들로 구성되며 다듬어진 석회석으로 마감되어 있다. 표면은 평탄하게 마무리되었고

2 Grand Gallery. 회랑(回廊)은 종교건축이나 궁전건축 등에서 중요부분을 둘러싸는 지붕이 있는 복도.

3 架構式 構造 / 기둥 사이에 보를 얹어 구조체를 만드는 방법.

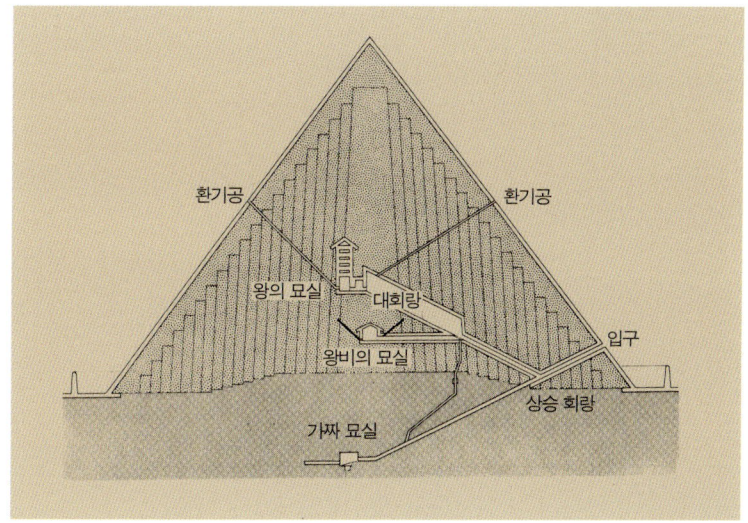

쿠푸 왕 피라미드의 단면도. 대회랑 안쪽의 중심핵 부분과 주위 계단을 채운 층진 부분, 그리고 정교하게 마감된 포장의 세 부분으로 구성된다.

외부마감과 구조벽 사이는 잡석으로 메워졌다. 이러한 구조체계는 힘의 작용과 구조 해석에 대해 이들이 높은 수준의 지식을 지니고 있었다는 것을 보여준다. 수평력의 1/3만을 중심핵이 지탱하고 나머지는 지반으로 전달되도록 하였기에 지진을 포함한 모든 힘을 견디고 수천년을 지속한 것이다.

대회랑과 묘실 이외의 부분은 모두 석회석을 쌓아 만들었다. 흰색의 석회석으로 피복한 피라미드의 표면은 매우 정확하게 재단되어 있어, 그 접합부분을 육안으로는 거의 식별할 수 없을 정도이다. 내부공간인 위로 경사진 대회랑 양쪽에는 위로 갈수록 조금씩 더 돌출되도록 석재를 쌓았으며 낱낱의 석재는 평탄하게 피복되어 있다.

기자의 피라미드 형태는 자신이 태양신 레(Ré)의 아들이라는 파라오의 초자연성과 영원성을 상징하며 지붕 덮인 높은 길인 대회랑은 삶과 죽음, 차안과 피안을 가르는 전이의 개념을 내포한다.

영원한 실재에 바쳐진 역사의
상형문자, 피라미드

10년 만에 카이로에 다시 왔다. 10년 전과 다른 것이 별로 없다. 카이로는 파라오의 도시가 아니다. 카이로는 1000년 전 북아프리카의 파티마(Fatima)족이 아랍국가의 성곽도시로 건설한 신도시다. 남과 북의 왕궁 사이에 놓인 가로(街路)가 지금도 중심 가로이고 그 한가운데 1000년 동안 카이로의 중심 상가였던 한 알 할릴리가 있다. 카이로의 천년건축은 한 알 할릴리지만, 카이로에서 나일 강 서안 기자의 피라미드를 말하지 않으면 아무것도 말하지 않은 것과 같다. 고대 이집트의 왕국은 2000년 전 영원의 시간으로 사라졌어도 피라미드는 아직 이집트인 모두의 마음 한가운데 남아 있다.

이집트 문명에서 종교는 특별하다. 이집트 역사를 쓴 헤로도또스[4]도 '이집트인은 다른 어떤 종족보다 지나칠 정도로 종교적이다'라고 했다. 그들의 종교적 관념은 불멸의 개념과 깊이 연관되어 있다. 특히 이집트의 상류사회 사람들은 생애의 대부분을 사후세계의 안전과 행복을 확보하는 데 할애하였다. 그들은 사람이 날 때 '카'라는 일종의 '다른 자기'와 함께 태어나며 육체가 죽어도 이 '카'는 시체에 남아 계속 살아간다고 믿었다. '카'가 안전하게 살아가기 위해서 시체는 손상되어서는 안되었고, 불멸의 조건인 미라에게는 지상에서 사용하던 모든 것이 그대로 필요하였다. 죽은 사람의 상을 만들어 미라가 분해될

[4] Herodotos / 고대 그리스의 학자로 기원전 450년경 이집트를 방문하여 이집트 역사를 기록했다.

경우를 대비하였고 '카'가 볼 수 있도록 그림과 부조에는 인간의 한 생애를 자세히 기록해놓았다.

이집트 고고학박물관에 가면 고고학적 이집트가 이집트인의 영혼 속에 영원한 현재로 살아있는 것을 느낀다. 그들의 영원한 현재는 위대한 예술형식으로서 오늘 우리 앞에 실재하고 있다. 유적은 영원한 현재로 존재하고, 사람의 기억장치는 남아 있는 물상으로부터 시작한다. 기억장치 속에 각인된 그들의 분신이 그들의 영속을 실재케 하고 있는 것이다. 우주로 흩어지고 땅으로 사라진 것은 오직 허상이었던 실재뿐이다. 허상을 믿는 자는 멸하고 영원한 실재를 믿는 자는 영원을 얻게 되는 것이다.

이슬람의 도시 카이로를 벗어나 파라오의 도시 기자로 들어선다. 죽음의 땅 나일 강 서안에 산 사람의 도시가 가득 들어섰다. 서울은 서울의 외곽이었던 한강을 중심으로 500만의 불완전한 두 도시가 마주보고 있고, 카이로 역시 차안과 피안의 갈림길이었던 나일 강을 중심으로 600만의 두 도시가 마주보고 있다. 600년의 역사도시 서울은 한강 동남쪽 백제의 유적을 통해 1000년의 시간을 더하고, 1000년의 역사도시 카이로는 나일 강 서안의 피라미드군을 통해 4000년의 시간을 더하고 있다.

쿠푸 왕의 피라미드가 대로변에 홀연히 나타난다. 뒤이어 카프라 왕과 멘카우라 왕의 피라미드가 서쪽 사막으로 이어진다. 경주의 고분군과 이곳을 본격적으로 비교 연구하고 싶다. 서양건축사의 원형을 탐구하면서 한국 역사도시의 원형을 동시에 생각해볼 수 있는 좋은 계기가 될 것이다.

인류 최고의 농경문화를 기반으로 한 이집트인들의 삶은 자연의 변

사막의 피라미드들. 전면이 멘카우라 왕의 피라미드이고, 그 아래에 왕족의 묘인 작은 피라미드 세 개가 모여 있다. 뒤에 솟아 있는 것이 카프라 왕의 피라미드이고 맨 뒤 오른쪽으로 보이는 것이 쿠푸 왕의 대피라미드이다.

화와 인간 의지가 이루어낸 장대한 서사시였다. 나일 강의 델타 지역에는 1000년에 걸친 이민족의 약탈에도 불구하고 고대문명의 무궁무진한 유적이 있다.

　쿠푸 왕의 피라미드 정면에 서면 거대한 삼각면이 문득 비현실의 2차원적 물상으로 나타난다. 처음 피라미드 앞에 섰을 때 푸른 하늘 아래 2차원의 삼각면으로 나타난 추상적 형상에 압도되었다. 그것은 지상과 하늘 사이에 홀연 나타난 피안의 세계였다. 파라오의 미라가 태양신의 배를 타고 나일 강을 거슬러 죽음의 땅으로 와 2차원 속으로 사라지는 곳이다. 정방형을 이루는 네 삼각면은 정면 어디에서도 입체로 보이지 않는다. 그리고 그 안에는 이 세상의 것이 아닌 내부공간

피라미드 **23**

이 있다. 일반에게 공개된 유일한 피라미드인 카프라 왕 피라미드 내부의 대회랑에 서면 인류 역사가 이룬 가장 기이한 내부공간을 보게 된다.

고대 이집트인의 삶과 죽음 그리고 그들에게 있었던 하늘과 땅, 자연과 인간의 비의(秘意)를 알지 못하면 피라미드를 아는 것이 아니다. 까이사르(Caesar)의 알렉산드리아 침공 때 일어난 화재로 '이집트 역사' 30권을 포함하여 무려 70만 권의 장서가 소실되고, 테오도시우스(Theodosius) 황제가 제국 안의 모든 이교도 신전을 폐쇄한 이후 고대 이집트의 역사는 지하세계에 묻혔다. 헤로도또스 이후 수많은 학자들이 고대 이집트를 찾았고 탐험가와 도굴꾼 들이 모여든 지 2500년이 지난 후에야 샹뽈리옹[5]에 의해 처음으로 상형문자가 해독되었다. 샹뽈리옹이 해석한 상형문자보다 더 많은 의미가 담긴 고대 이집트의 상형문자가 피라미드이다. 사막의 이 거대한 상형문자를 알기 위해서 우리는 길고 오랜 시간여행을 더 해야 할 것이다.

피라미드를 알면 역사를 아는 것이고 건축과 도시의 핵심을 이해하는 것이다. 사후세계의 원형공간으로 영원의 도시를 상징하는 집합형식을 이루고 있는 기자의 피라미드군은 인류가 자신의 삶을 5000년으로 확대하게 하는 영원한 현재로 우리에게 실재한다.

피라미드군 사이로 들어선다. 흙길을 아스팔트로 포장하였다. 모랫빛 고분군 사이를 칼을 대듯 부수고 길을 내었다. 나뽈리 도심을 무자비하게 자르고 나간 스빠까 나뽈리[6]보다 사막 위의 아스팔트 도로가 더 많은 것을 부수고 지난다. 세 피라미드를 바라본다. 백색 석회석은 사람들이 다 뜯어갔다. 카프라 왕의 피라미드 상부와 쿠푸 왕 피라미드 하단에 일부가 남았을 뿐이다. 피라미드들이 벌거벗겨진 채 기자

5 Jean François Champollion (1790~1832) / 프랑스 학자로 이집트의 상형문자를 최초로 해독했다.
6 Spacca Napoli / 베네데또 끄로체(Benedetto Croce) 거리와 성 비아지오(Biagio) 거리로 연결되는 가로를 중심으로 나뽈리를 두 지역으로 분리하는 길.

의 사막 모래열풍 속에 서 있다. 피라미드의 건설보다 서면 굴러떨어지는 52도 경사면의 돌을 뜯어간 인간의 욕망이 더 불가사의다.

인간의 역사는 영원한 현재를 만든 자와 허무의 심연으로 현재를 부순 자의 반복되는 전쟁의 기록이다. 전쟁이 얼마나 많은 생명과 문명을 무의미하게 없앴는가. 서로가 서로를 죽일 뿐 아니라 역사를 부수고 기억을 지운다. 또 역사를 세운다는 이름 아래 얼마나 많은 역사가 사라져갔는가. 영원의 도시에서 모든 것을 박탈당한 기자의 피라미드군은 마치 미라로 남은 파라오 같다.

평생을 계속한 죽음의 의식을 통하여 영원한 현재로 남으려 했던 고대 이집트인들의 피라미드는 삶과 하나인 영원한 죽음의 시간을 말하는 그들의 상형문자다. 인간은 생명체와 기억장치로 탄생한다. 살아 있다는 사실은 생명체와 기억장치의 합일을 말한다. 잉태되면서 태어나기까지 복제된 생명체와 수만년의 기억장치가 하나가 되어 인간으로 실재하는 것이다. 생명체는 생로병사의 필연적인 길을 가고 기억장치는 허무의 상태에서 실재의 상태로 왔다가 다시 허무의 상태로 돌아간다. 고대 이집트인들은 인간의 삶이 갖는 필연과 영원의 이중구조를 받아들였다. 복제된 생명체는 멸하지만 허무에서 실재를 거쳐 허무로 들어선 기억장치는 새로운 DNA로 남는 것이다.

태어남에 울지 않았듯이 죽음에 울지 않아야 한다. 죽음은 영원한 소멸이 아니라 한순간 실재였던 것과의 헤어짐이다. 고대 이집트인들은 어디에 있는 것일까. 그들은 끝없이 이어지는 인류 역사에서 실재하는 생명체의 다른 한 부분으로 다시 존재하는 것이 아닐까. 피라미드를 보면서 느꼈던 10년 전 생각이 이제는 믿음이 되었다. 지난 10년은 가설이었던 삶과 죽음, 실재와 비실재, 존재와 허무에 대한 생각을 진실로 이해하게 되는 기간이었다. 그동안 삶의 허무함과 죽음의 필연과 영원에 대한 염원을 체험하였다. 큰딸이 자라서 시집을 가고 아이를 낳았다. 아버지가 돌아가셨다. 새로운 삶과 죽음을 동시에 경험하며 성년으로 가는 아들의 변화를 지켜보았다. 작취미성(昨醉未醒)의 깊은 밤과 타는 목마름의 새벽시간에도 죽음을 생각했다.

문득 희열의 시간이 있기도 했지만 끝없는 좌절의 시간이 더 길었다. 긴 회한의 시간도 있었고 더 높은 곳을 향한 맑은 집념의 시간도 있었다. 자신을 돌아보는 시간이 많아졌고 앞날도 자주 생각하게 되었다. 다시 이집트에 오고 싶었다. 새벽에 나일 강변을 걷고, 해가 사막 저편으로 사라지는 시간에 기자의 피라미드에도 가보고, 낮에는 이집트 고고학박물관에서 한참을 머물고도 싶었다. 밤기차를 타고 룩소르와 아스완으로 가 왕가의 계곡과 아부 씸벨 신전을 보고 싶었다.

뿌연 모래먼지를 일으키며 자동차가 카프라 왕의 피라미드 앞을 지나 스핑크스로 다가선다. 스핑크스와 신전과 피라미드를 정면에서 바라본다. 박탈된 피라미드와 마멸된 스핑크스와 폐허가 된 신전이 서쪽 사막과 하늘을 배경으로 비실재적 환상으로 보인다. 거대한 시간과 공간이 압도하듯 가슴 깊은 곳으로 밀려온다. 10년 전 고고학박물관에서 그들의 소리를 들었다. 아직 그 소리의 여운이 남아 있다. 멍한 채 사막 한가운데 혼자 선다.

파라오의 장례식 꿈을 꾸었다. 해가 사막 저편으로 떨어지고 서서히 검푸른 하늘이 나타난다. 땅거미 속으로 피라미드가 묻혀가는 시간, 어둠을 뚫고 피라미드군이 사막 위로 솟아오른다. 세 피라미드 주변에 작은 피라미드들도 보인다. 그러다가 어둠에 숨어 있던 스핑크스가 모습을 드러낸다. 카프라 왕의 석상도 웅자를 드러낸다. 캄캄한

사막의 밤을 배경으로 휘황한 조명을 받으면서 카프라 왕의 피라미드가 스핑크스와 함께 떠오른다. 앞에 계곡의 신전이 보인다.

사막을 배경으로 폐허의 유적이 빛 속에 본래의 모습을 드러낸다. 나일 강을 거슬러온 태양신의 배를 탄 카프라 왕의 미라가 스핑크스의 신전을 지나 피라미드의 남쪽 정면 제단에 도착한다. 장엄한 의식이 끝나고 배에서 내린 카프라 왕은 피라미드의 비밀통로를 통해 영원한 그의 방으로 들어간다. 모든 통로는 폐쇄된다. 왕과 왕비는 아무도 없는 거대한 돌더미 가운데 서로 떨어진 공간 속 영원의 시간으로 간다. 실재였던 모든 것은 사라지고 영원한 현재의 시간과 공간 속에 그들 둘만이 남는다.

그리고 4000년이 지났다. 피라미드를 박탈하고 스핑크스와 신전을 부순 또다른 인간들에 의해서 수천, 수만의 돌 한가운데 영원한 비밀

파라오의 묘실에 이르는 피라미드 내부의 대회랑을 그린 18세기의 그림.

의 통로로 폐쇄되었던 그들의 공간이 도굴되었다. 카프라 왕 피라미드의 비밀통로로 다시 간다. 10년 전과 많이 다르다. 정방형의 통로를 포복하면서 기억장치의 혼란에 빠진다. 파라오의 방으로 향하는 대회랑에서 엄청난 공간의 위열(威烈)에 압도되었다. 5000년 동안 숨겨졌던 비밀의 문을 지나 파라오의 묘실에 이르는 대회랑은 현세의 삶과 영원한 현재를 잇는 피라미드 안의 도시가로였다.

스핑크스와 수많은 신전, 나일 강으로 통하는 운하가 이어진 기자의 피라미드군은 고대 이집트인의 삶이 드디어 얻게 되는 이상도시 바로 그것이었다. 피라미드에서 파라오의 무덤이 아닌 고대 이집트의 이상도시를 보고, 고대 이집트인의 삶과 죽음의 형이상학과 조형의지의 상형문자를 해독할 수 있을 때 비로소 피라미드를 안다고 할 수 있다. 피라미드만한 것이 피라미드 안에 있다. 말을 할 수도 들을 수도 없다. 이것을 제대로 본 사람과 보지 못한 사람은 다른 사람이다. 거기에는 사람을 변형시키는 힘이 있다. 피라미드의 밤과 낮, 빛과 그림자, 태양과 인간의 빛 사이를 오늘 하루가 가파르게 소리내며 지나간다.

까따꼼베

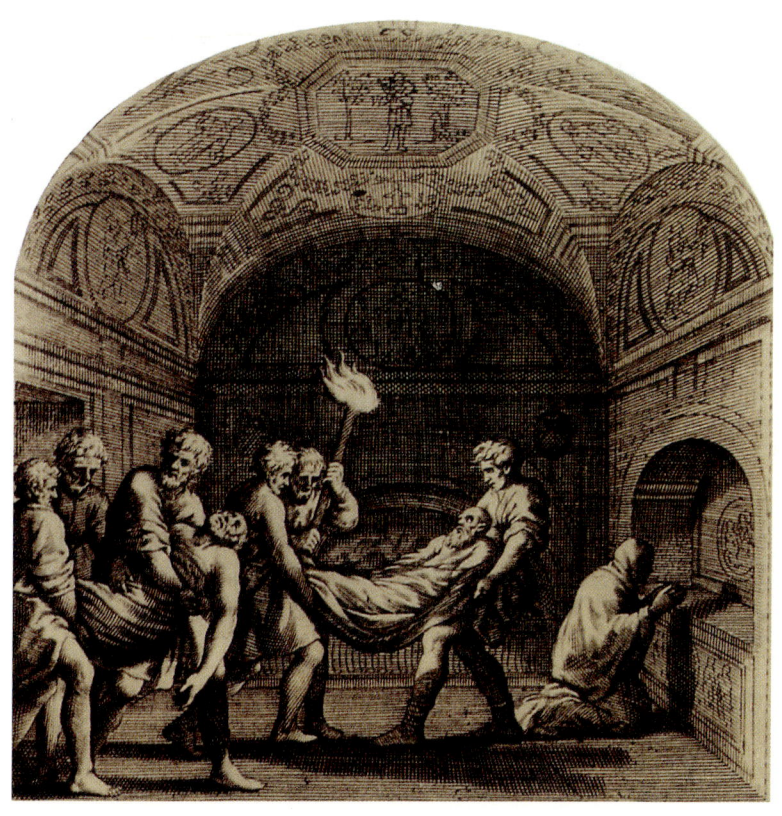

화장보다 매장을 선호했던 로마의 기독교인들은 지하가로에 그들의 무덤을 만들었다. 뚜파라는 응회암을 파내 건설한 지하의 무덤도시 까따꼼베는 초기 기독교 시대에 지하의 성소 역할을 하기도 했다. 단순한 무덤이라기보다 저승의 세계를 이승의 지하에 실현한 형이상학적 공간이다.

까따꼼베 들여다보기

초기 기독교인들의 신앙과 종교 생활을 보여주는 공간으로 바질리까[1]와 까따꼼베(Catacombe)가 있다. 까따꼼베는 소설에 나오는 것처럼 종교적 박해를 피하기 위한 피난처로 만들어진 것이 아니다. 뚜파(tufa)라는 응회암(凝灰巖)이 있어 쉽고 안전하게 굴을 팔 수 있었기 때문에 고대 로마인들은 지하세계를 만든 것이다. 오래 전부터 라띠움[2]의 뚜파는 급수시설이나 무덤, 비밀 오락실 등 거대한 지하 구조를 형성하는 데 널리 이용되었다.

화장보다는 매장을 선호했던 로마의 기독교인과 유태인 들은 땅값이 비싼 시가지 대신 지하의 공동묘지를 선택했다. 까따꼼베는 한 층의 높이가 5m인 여러 개의 층으

1 basilica / 고대 로마의 건축에서 시장, 재판소, 집회장으로 사용되던 공공건물로 초기 기독교 건축에서 교회의 기본형이 된다.
2 Latium / 로마 동남쪽에 있던 옛 나라.

까따꼼베의 지도. 로마의 까따꼼베는 특히 아삐아 가도를 따라 많이 나타난다.

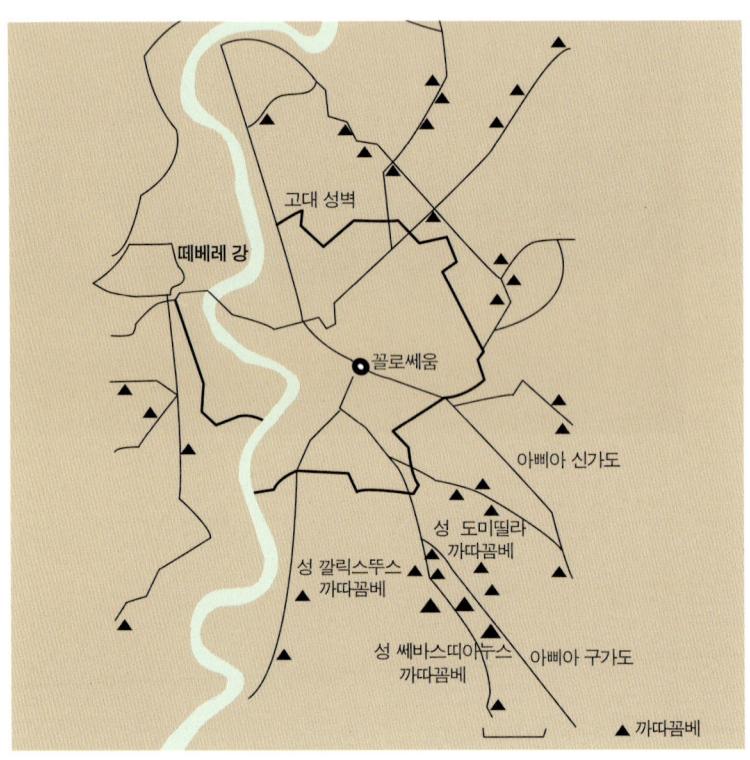

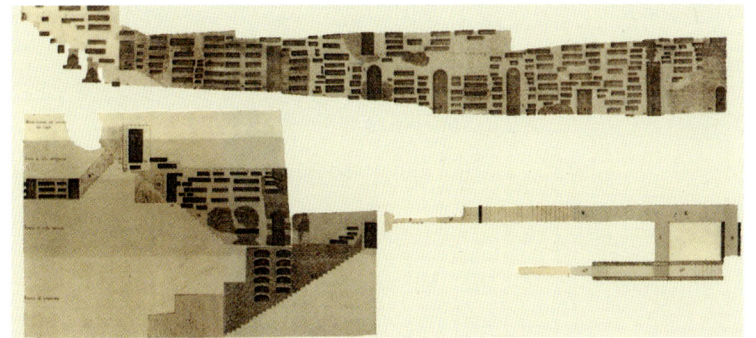

까따꼼베 내부 단면도. 사각형 공간인 로꿀리, 볼트로 구획된 꾸비꿀라, 상부가 아치인 아르꼬졸리움이 보인다. 오른쪽 아래 그림은 까따꼼베 입구 평면도.

로 구성되는 지하묘지로 벽을 따라 수천 개의 묘실이 있다. 가장 기본적인 형태는 로꿀리(loculi)로 뚜파 벽에 나란히 뚫려 있는 사각형의 공간을 말한다. 시체는 종이로 감싼 후 안치되었는데, 가족인 경우 둘 혹은 그 이상을 합장하기도 했다. 벽돌이나 대리석으로 만든 문에 죽은 이의 이름을 새겼고 관련 정보나 사망날짜를 기록하기도 했다. 진흙으로 만든 작은 등이나 향료병이 무덤 위에 놓여 있는데, 어두침침한 복도에서 흔들리는 불꽃은 매우 인상적이다. 부유한 사람들은 상부가 아치이며 플라스터나 프레스꼬로 벽을 장식한 아르꼬졸리움(arcosolium)이라는 묘실을 이용했다. 이 경우 볼트[3]로 구획되는 하나의 방을 꾸비꿀라(cubicula)라고 한다. 일종의 천창인 작은 구멍으로 빛이 들기도 하는데, 이는 원래 굴을 파는 동안 흙을 제거하는 용도로 사용되었던 것이다.

[3] vault / 아치에서 비롯된 곡면 구조의 총칭.

까따꼼베는 5세기 초반까지 공동묘지로 이용되었다. 그후, 순교자들이 매장되면서 성소가 되었고 수많은 순례자들이 성스러운 도시 로마를 찾았다. 또 순교자에 대한 숭배가 그들의 신성한 무덤 부근에 매장되어 구원을 얻으려는 믿음으로 연결되었다. 수차례 전쟁을 겪으면서 구조적 위험이 증가하고 로마지방의 재정 곤란으로 어려움이 있었으나 순교자들의 성소는 성직자들에 의해 계속 보수되고 순례자들의 방문 역시 계속되었다. 9세기 초반에 유골이 도시 안의 교회로 이장되면서 대부분의 까따꼼베는 빈 채로 남게 되지만, 영적인 이유로 사람들의 발길이 끊이지 않았다. 그러나 지반이 침하되고 잡초가 우거지는 등 지하세계로의 입구가 무너지면서 대부분의 까따꼼베는 잊혀졌다.

16세기에 이르러 로마 지하세계의 콜럼버스라고 불리는 안또니오 보지오(Antonio Bosio)에 의해 체계적인 발굴이 시작된다. 그는 30개의 까따꼼베를 발견했고 이후로도 몇개가 더 발견되었다. 불행히도 대리석이나 값진 유물들이 도굴되기도 했지만 이곳은 여전히 기독교 기념물 중에서 가장 흥미롭고 인기있는 장소다. 아삐아(Appia) 가도를 따라 수많은 까따꼼베가 있는데 가장 잘 알려진 성 깔릭스뚜스(Calixtus)의 까따꼼베는 길이가 10km가 넘고 다섯 개 층으로 이루어져 있다. 성 쎄바스띠아누스(Sebastianus)의 까따꼼베, 성 도미띨라(Domitilla)의 까따꼼베 등이 널리 알려져 있다.

뚜파가 이루어낸 지하의 무덤 도시,
까따꼼베

94년 여름 로마에 갔을 때 베네찌아 비엔날레 조직위원장인 보니또 올리바(Bonito Oliva)와 얘기를 나누던 중 내가 아직 까따꼼베를 보지 못하였다고 하자 그는 당장 비행기표를 바꾸고 남아서 보라고 한다.

성 쎄바스띠아누스 까따꼼베의 내부 모습. 오른쪽이 까따꼼베의 기본 석실 단위인 로꿀리들이며, 왼쪽은 부유층이 사용한 아치형의 아르꼬졸리움이다.

건축가가 그 위대한 지하의 세계를 아직 보지 못했다는 것은 스캔들이라며 지상에서 볼 수 없는 최고의 공간이라는 것이었다. 마침 마지막 일정이었고, 자연을 훼손해서는 안되어 지하 5층까지 연습실, 사무실 등의 공간을 만들어야 하는 한국예술종합학교 설계 도중이어서 다음날 까따꼼베를 2년여 공부하였다는 여류조각가와 함께 그곳에 가보았다.

길이 10km에 지하 5층인 성 쎄바스띠아누스의 까따꼼베를 찾았다. 지상의 그곳은 물론 그냥 빈 땅이었다. 산허리에 뚫린 동굴은 여러번 보았으나 이런 지하의 세계는 처음이다. 건축의 모든 상식이 무너져 내린다. 건축의 이름으로 알 수 있는 곳이 아니다. 상상하지 못한 세계다. 건축의 기본 어휘가 자리잡을 곳이 여기에는 없다. 형태, 접근[4], 빛, 그림자, 공간의 열림과 닫힘——어느 것도 이곳에는 존재하지 않는다. 보이는 것도 없고 보일 것도 없다.

4 어프로치(approach) / 건축물로 들어가는 과정.

하나의 방처럼 구획된 가족 단위 묘실인 꾸비꿀라의 모습을 보여주는 성 도미띨라 까따꼼베의 내부.

주거지역의 지하무덤은 건축법규를 따라야 했다. 로마의 관리들은 죽음의 공간에는 관대하였으나 그것이 삶의 공간화하는 것은 엄격히 통제하였다.

모든 의미는 지하에 내려서면서 시작된다. 인간이 만든 가장 인간적인 공간이면서도 인간세계와 철저히 대립하고 있는 피안의 세계이다. 오직 내부공간뿐인 이 지하의 세계는 한없이 이어지는 아름답고 정밀한 질서의 세계다. 지상의 어느 건축보다 완벽한, 인간적 비례의 공간이다. 죽은 자를 위한 공간이지만 이곳은 어느 죽은 자의 공간보다 더 산 사람들의 공간이다. 뚜파라는 단 하나의 재료로 이루어진, 자연의 변형이 만든 공간 속을 걸으면 살아 있다는 것이 공간형식으로 몸에 와 닿는다.

걷고 또 걷는다. 볼트의 터널 사이로 수직의 빛우물이 이어지고 다시 끝없이 지하의 무덤이 계속된다. 화려하게 꾸며진 큰 묘실도 있고 가족이 한 방에 모인 작은 묘실도 있으나, 대부분 지하터널의 벽감[5] 사이에 시신이 안치되어 있다. 나뽈리에서 처음으로 뚜파라는 가소성이 큰 응회암을 보았다. 지상에 돌을 쌓아 공간을 만들듯 뚜파를 파고 들어가 공간을 만들 수 있었다. 로마의 아삐아 가도 주변의 땅은 이러한 뚜파로 이루어졌기 때문에 로마의 기독교인들은 지상에서 거부된 그들의 세계를 땅속에 만든 것이다.

지하의 세계는 지상의 세계가 아니다. 지하의 세계에는 빛이 존재하지 않는다. 지상의 그림자만 있을 뿐이다. 지하에서는 식물도 자라지 못한다. 그러나 뚜파의 지하공간은 숨쉬는 공간이다. 지하의 공간이지만 물이 고이지 않고 벽을 파 공간을 만들어도 무너지지 않는다. 이곳에서 인간은 공간을 창조할 수 있었다. 이곳에는 건축의 가장 큰 대상인 비와 바람과 중력이 존재하지 않는다. 이미 모든 것이 그 자리에 고정되어 있다. 지상에서는 대공간 속에 인간의 공간을 만들지만, 지하에서는 공간이 없는 고체의 세계 내부에 공간을 만드는 것이다. 어둠 속에 실재하는 한없이 이어지는 빈 터널 속에 로마인들은 지상에서 이루지 못한 것을 만들었다. 한 공간의 높이가 5m인 다섯 공간을 수직으로 만든 것은 인간이 태초의 공간을 만들 수 있었던 지하의 세계이므로 가능했던 일이다.

지하의 세계는 사람이 사는 곳이 아니다. 이미 영혼은 저 다른 곳으로 갔는데 이 엄청나고 무의미한 시신의 세계는 무엇인가. 미라에게는 영원의 공간이 필요하였지만 죽음으로 영혼이 떠난 육체들을 위한

[5] 니치(niche) / 서양건축에서 벽면을 오목하게 파는 형태.

아삐아 가도 주위에 남아 있는 30개 정도의 까따꼼베 중 가장 크고 중요한 성 깔릭스뚜스 까따꼼베.

이 한없는 공간은 무엇인가. 산 자는 죽음을 알 수 없다. 그러나 죽은 자의 공간은 죽은 자가 만드는 것이 아니다. 죽은 자의 분신인 산 사람이 죽은 자의 육체를 위해 만드는 것이다. 죽기 전까지는 죽음을 알지 못함에도 불구하고 산 자들은 계속 죽음의 공간을 만든다.

까따꼼베 안을 종일 걷는다. 길을 잃어 죽은 사람도 있었다지만 이제는 곳곳에 표지가 있고 간혹 멀리 사람들이 보이기도 한다. 까따꼼베를 공부한 작가와 함께 있어 더 깊이 더 멀리 가본다. 모두가 하나의 물질, 하나의 색으로 이루어져 있다. 지상의 것을 가져다 꾸민 곳이 있기도 하나 거의 뚜파만의 공간이다. 지하로 깊이 내려갈수록 지상의 것은 오직 사람의 잔해뿐이다.

바람도 불지 않고 비도 오지 않고 해와 달과 별도 없는 지하의 세계에 만들어진 죽음의 도시를 걷는다. 무섭지만 몸과 마음으로 아름답게 다가오는 공간이다. 이곳에는 변화가 없다. 아무 일도 일어나지 않는다. 이것이 바로 죽음의 공간인가.

타지 마할

인류가 만든 가장 아름다운 건축으로 불리는 타지 마할은 열네번째 아이를 낳다 죽은 아내를 위해 자한 황제가 국력을 기울여 지은 이슬람 예술의 정수이다. 잘 꾸며진 정원을 배경으로 관목이 줄지어 선 정면 연못에 비치는 타지 마할의 정경은 물질의 세계를 뛰어넘은 우아함의 극치를 보여준다. 섬세하게 조각된 흰 대리석, 더할 수 없이 완벽한 비례, 아름다운 조경이 어우러진 탁월한 건축을 만든 세기적 로맨스가 보는 이의 마음을 사로잡는다.

타지 마할 들여다보기

아그라(Agra)는 비교적 역사가 짧은 도시로 16세기에 무굴 제국의 수도가 되었다. 델리의 마지막 군주 씨칸데르 로디(Sikander Lodi)가 1505년에 아그라 성을 건설하기 시작했고, 이를 계승한 티무리드 왕조의 바부르(Babur)는 야무나 강둑에 페르시아 샤하르 바흐 양식[1]의 정원을 만들었다. 아크바르(Akbar) 대제에 이르러 무굴 제국은 아프가니스탄에서 벵골, 카시미르에서 중앙인도에 이르는 대제국으로 성장하면서 아그라에 파테흐푸르(Fatehpur) 성을 세웠다. 아크바르의 손자 샤흐 자한(Shah Jahan)은 흰 대리석을 좋아해서 파테흐푸르 성에 있는 치시티(Chishti)의 성소 외관을 대리석으로 교체했다. 그후 아내 뭄타즈 마할(Mumtaz Mahal)의 죽음으로 슬픔에 빠진 그는 그녀를 추모하기 위해 무굴 건축의 백미인 타지 마할(Taj Mahal)을 건설하였다.

인도의 건축이 단순하고 보잘것없다는 편견은 무굴 건축의 양식과 장식예술에서

1 chahar bagh style / 정방형의 정원을 네 부분으로 나누어서 조성하는 방식.

무굴 제국의 건축은 지금은 아프가니스탄 내에 있는 아무다리야 강에서 벵골 만의 다카에 이르는 지역과 인도 중부의 나르마다 강 유역 등 광범한 지역에 분포한다.

타지 마할의 단면 도해. 밀도와 비례에 있어 독특한 조형언어를 창출하여 동양적 절제와 침묵의 깊이를 느끼게 한다. 런던 빅토리아 알버트 뮤지엄 소장.

나타나는 풍부함과 다양함을 알지 못해서이다. 현재는 그 이름이나 파편 들만 남았지만 강변을 따라 정원과 테라스 들로 가득한 아름다운 아그라를 상상하기 어렵지 않다.

흰 대리석으로 만들어진 타지 마할은 네 구석에 첨탑[2]을 가진 네모반듯한 기단의 중앙부에 있는데, 이슬람 장식미술의 정수를 모은 인도·페르시아 양식의 대표적 건물이다. 타지 마할에서는 알함브라(al-Hambra) 궁[3]에서 느껴지는 것과 같은 비물질적인 우아함이 느껴진다. 깊게 음영이 드리워진 흰 대리석 면은 얇고 투명해 보인다. 이슬람 군주의 영묘에 사용된 돔은 비잔띤 시대에 시작되었다. 타지 마할의 돔은 이중으로 구성되었는데 외부 돔은 높이가 44m에 이른다. 돔 주위로 4개의 키오스크[4]를 배치하여 거대한 돔이 작아 보이도록 배려하였다. 또 건물 전체가 큰 풍선 같은 돔에 의해 띄워져 지면에 닿아 있지 않은 듯한 느낌을 준다. 기단의 단부에 있는 첨탑

[2] 이슬람 사원에 부착된 높고 가느다란 탑 혹은 종탑.
[3] 에스빠냐의 그라나다에 있는 이슬람 요새로, 사자의 정원(Court of the Lions)으로 유명하다.
[4] kiosk / 이슬람 지역에 있는 일종의 정자.

5 파빌리언(pavilion) / 주건축물에서 분리되어 세워진 장식적 구조물.

타지 마할의 배치도 / 대문에서 중앙정원을 지나 영묘에 이르는 축 위에 있는 중앙의 백색 대리석 기단이 타지 마할의 미학을 느낄 수 있는 외부공간의 중심이다.
입면도 / 다른 모스크들과 유사한 형태지만, 모서리를 접은 것과 균형 잡힌 비례 등에서 확실히 차별화된다.
평면도 / 중앙에 왕과 왕비의 관이 보인다.

    과 거리를 두고 좌우 대칭으로 서 있는 별관[5]들은 적절한 비례로 연관되어 있어서 중앙의 치솟는 듯한 움직임에 안정감을 부여하고 있다.
    아름답게 계획된 경관은 건축적 효과를 배가하는데, 관목들이 줄지어 서 있는 정면의 연못에는 타지 마할의 차가운 하얀 색이 물 속에서 떠오른다. 타지 마할은 알함브라 궁전의 부서질 듯한 우아함을 상기하게 하지만 그 복잡미묘함에 있어서는 오히려 그것을 능가한다.

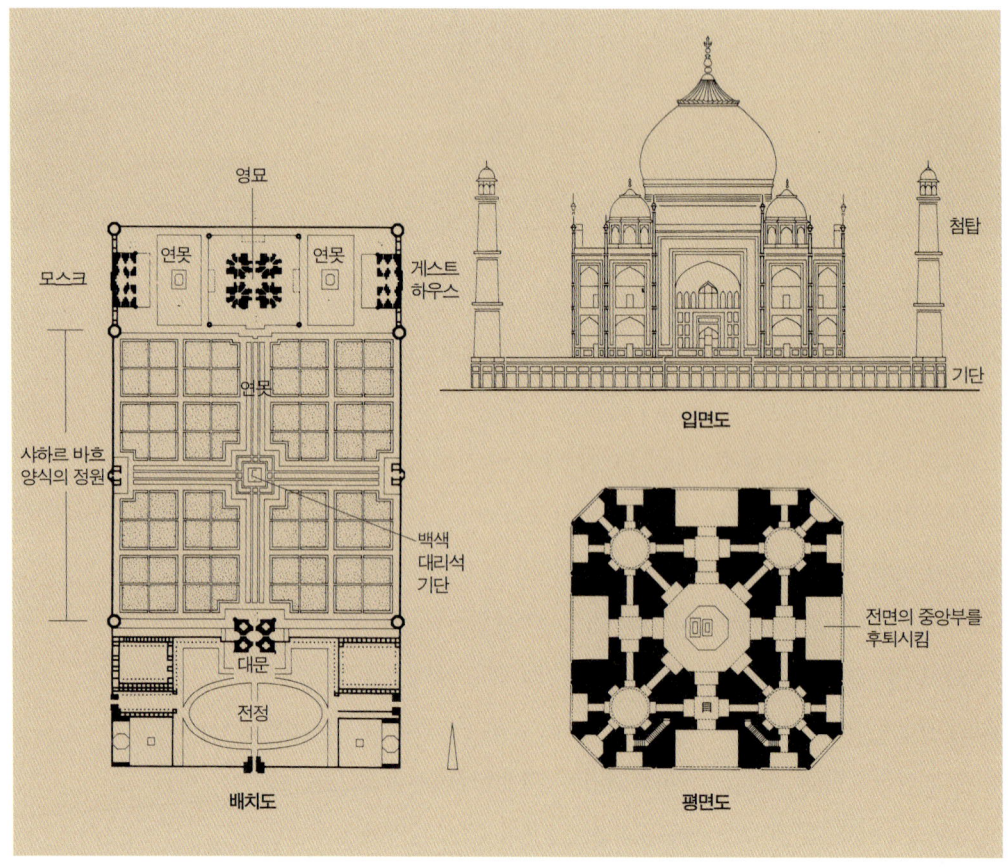

42 제1부 죽음의 공간

위대한 사랑의 시학적 공간,
타지 마할

런던발 델리행 비행기 안에서 하룻밤을 지냈다. 새벽에 델리에 도착한다. 공항을 나서자 바로 장바닥이다. 탈탈거리는 고물 택시를 타고 타지 마할 인터콘티넨털 호텔로 간다. 외교관 단지 안의 호텔이다. 이곳에는 델리 속에서 델리를 탈출한 공간들이 있다. 물가가 비싼 곳에서는 얌전한 호텔에 묵고 물가가 싼 도시에서는 최고급 호텔에 묵는다. 여행의 작은 경험이다. 한숨 잤으면 좋겠지만 타지 마할이 있는 아그라에 다녀오려면 열다섯 시간이 필요하다. 방에 가서 샤워만 하고 아그라로 떠나기로 한다. 잠도 못 자고 밤새 유라시아 대륙을 날아와서 한 시간 만에 다시 열다섯 시간의 장정에 오른다.

잠시 시간을 내서 호텔 정원을 거닌다. 풀장 주위에 아름다운 꽃을 많이도 심었다. 꽃과 나무를 사랑한 무굴 제국의 후예답다. 인도에 관해서는 중국만큼도 모른다. 문명의 발상지는 바로 건축과 도시의 발상지이므로 이곳에 대한 고고학적 탐험은 건축의 본질에 닿는 좋은 길이 될 수 있을 텐데 무심하였다. 72년 대홍수 때 3년에 걸쳐 쓴 「영원한 현재」라는 논문을 온실에 두었다가 물에 잠겨 잃어버린 후 더 연구를 못 하였다. 문명 발상지에서의 건축과 도시의 의미에 대한 글이었다. 이집트, 인도, 아랍에 대한 역사 연구를 다시 해보자. 시간을 적절히 쓰는 공부를 해야 한다. 매일 세 시간은 책을 읽을 수 있어야 한다. 줄을 긋고 주를 달면서 책을 읽어야 한다. 편한 독서는 견문만 넓힐 뿐 일에 직접 도움이 되지는 않는다.

225km 남짓한 거리지만 아그라로 가는 길은 차선도 없는 시골길이라 한도 없이 간다. 유리가 없거나 문짝이 없는 고물차들이 천천히 달리는데 어쩐지 모양새가 이상하다. 기이하게도 많은 차들이 백미러가 없는 것이었다. 계속 추월해도 더디다. 바람에 흙이 흩날린다. 두 시간쯤 가다가 델리와 아그라를 오가는 관광객들을 위한 식당에서 이들의 전통음식을 먹는다. 인도에서는 소고기를 먹지 않으므로 대부분의 요리가 닭과 양고기다. 관광식당이어선지 맵지는 않다. 그러나 입에 맞는 것은 치킨수프밖에 없다.

정문의 아치를 지나면 분수와 정원을 완벽하게 좌우 대칭으로 한 타지 마할의 전경이 드러난다. 죽음을 넘어서는 사랑의 이야기로도 유명한 이곳은 특히 보름 무렵 은은한 달빛 아래서 환상적인 자태를 드러낸다.

44 제1부 죽음의 공간

드디어 아그라에 도착한다. 모스크가 보이기 시작한다. 아크바르 대제의 수도 아그라에 왔다. 인도의 역사를 잘 모르고 무굴 제국의 수도 아그라는 알지 못해도 타지 마할은 누구나 다 안다. 황제가 먼저 간 그의 부인을 위해 지은, 세계에서 가장 아름다운 건축이라는 신화의 현장이다. 대문 공간을 지나 안으로 들어선다. 너무나 익숙한 백색 대리석의 타지 마할이 나타난다. 예사롭지 않은 형국이다. 기단 네 곳의 첨탑과 중앙의 영묘가 주기단과 하나가 되어 중앙대문과 조우한다. 사방은 회랑으로 둘러싸여 있다. 대문과 영묘 중앙에 대리석 기단이 있다. 대단한 비례감각이다. 건축으로 서 있는 것을 넘어 어떤 신비로운 세계를 표상한다. 비현실적인 공간의 밀도와 비례를 갖고 있다. 회랑과 정원과 사방의 건물이 먼 경치와 하늘과 함께 이루는 공간감은 이루 형언할 수 없는 감동을 불러일으킨다.

그러나 앞으로 더 다가서면 그러한 고도의 미학적 질서가 깨어지고 어디서나 대할 수 있는 평범한 건물을 마주한 것 같은 느낌을 받는다. 성 바씰리 사원이 동적 변환의 질서를 가진 데 비해 타지 마할은 정적 균제의 질서로 이루어져 있어 예정된 장소에서만 정수가 보이기 때문이다. 타지 마할은 기본적인 공간 형식 면에서 기존의 전형을 따라서 언뜻 보면 흔한 건물 같지만 최종적인 마감과 공간 구성의 비례가 새로운 건축미학적 성취를 이루었다.

타지 마할은 아내와의 지난 시간을 물상을 통해 현재의 시간 속에 재현해내려고 한 건축이다. 아무도 없는 날 혼자 와보고 싶다. 아무도 없어야 한다. 타지 마할이 모든 사람에게 감동을 주는 이유는 바로 그들 두 사람만의 공간이기 때문이다. 타지 마할은 두 사람의 죽음이 영원한 만남을 기도하는 장소이다.

건축은 건축가가 이해하는 것보다 더 넓고 깊은 의미로서 실재한다. 건축은 의미형식이 시각형식으로 사람에게 나타나는 것이다. 뻬리끌레스(Pericles) 시대의 빠르테논[6]과 오늘의 빠르테논은 다르다. 제신(諸神)의 신전이었던 빤테온과 관광명소인 빤테온은 다르게 실재한다. 건축이라는 이름의 역사적 분석이나 미학적 접근은 오히려 건축

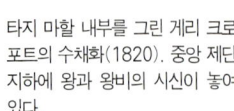

6 Parthenon / 아테네 아끄로뽈리스에 있는 고대 그리스 신전.

타지 마할 내부를 그린 게리 크로포트의 수채화(1820). 중앙 제단 지하에 왕과 왕비의 시신이 놓여 있다.

을 조형예술에 국한시키는 일이다. 건축공간은 의미형식이 물상을 지배할 때 뜻이 있게 된다. 건축은 물상의 미학만을 표현하는 것이 아니라 설화의 세계와 의미의 미학을 표현할 때 인류의 유산이 되는 것이다. 기왕의 건축형식을 답습하는 가운데 기존의 양식이 이루지 못한 미학적 완전성과 철학적 깊이를 이루어낸 타지 마할은 위대한 사랑의 시학적 공간이며 삶과 죽음의 이어짐을 물상화한 형이상학적인 공간이다.

내부공간으로 들어선다. 절제된 침묵의 공간 사방으로 빛이 이동한다. 회랑 안쪽 팔각의 공간에 샤흐 자한과 뭄타즈 마할의 관이 놓여 있고 지하에 그들의 시신이 있다. 빛은 정밀하게 세공된 대리석 벽의 무늬들 사이로 밝음과 어둠으로만 온다. 밤에는 별빛과 달빛이 흰 대리석에 반사되어 신비한 밝음을 유지한다. 비와 바람이 없는 지하의 무덤 위로 지상의 빛이 죽음의 공간을 배회한다. 사람에게 실재하는 것은 빛 가운데 있는 것이다. 밤과 낮의 윤회하는 빛 가운데 놓인 관 아래 그들이 누워 있다. 22년 동안 죽은 아내를 그리워한 황제의 마음이 가득한 공간이다.

오늘이 마침 보름 다음날이다. 달에 비추이는 타지 마할의 신비한 아름다움에 대해 많은 기록을 보았는데 시간이 없어 직접 볼 수는 없을 것 같다. 샤흐 자한이 아내가 죽은 후 혼자 살다가 아들에게 유폐되었던 아그라 성으로 간다. 아크바르 대제가 세운 무굴 제국의 위대한 성이다. 그는 아들 자한기르를 위해 영원의 성을 쌓았고, 그의 손자 샤흐 자한은 사랑하는 아내를 위해 국력을 기울여 타지 마할을 지은 것이다. 그런 감상으로 찾은 아그라 성은 타지 마할의 거울 밖 현실이었다.

타지 마할을 찾는 사람이라면 누구나 보름달보다 강 건너의 아그라

아그라 성에서 바라본 타지 마할.

성에 먼저 가보아야 한다. 그래야 건축이 무엇을 했고 할 수 있고 해야 하는가를 알게 된다. 이곳에서 보는 타지 마할은 피안의 세계에 선 실재이다. 입구 지역의 성문과 중정을 지나면 하나하나가 별개의 세계인 것으로 느껴지는 또다른 중정으로 이어진다. 모든 건축군은 이 중정으로부터 시작한다. 델리에서 아그라로 오는 도중에 보였던 벌판이 성채의 오아시스 속에 새로운 모습을 드러낸다. 아그라 성은 사람이 살 수 없는 벌판에 만든 인간의 조물주에 대한 도전의 장소이다. 아들에게 8년간이나 유폐된 샤흐 자한이 아그라 성에 갇혀 타지 마할을 바라보면서 무슨 생각을 했을까. 이런 시간에는 어느 장소에서든 아무 생각 없이 오래 있고 싶다.

서서히 어둠이 다가온다. 아크바르 대제의 성 앞에 그의 신민의 후손들이 허한 모습으로 무리지어 모여 있다. 다시 델리로 향한다. 달리고 달려도 갈 길이 멀다. 컨테이너와 트럭의 중간쯤 되는 짐차가 한도 없이 다닌다. 그러나 털털거리는 고물 짐차에는 값도 나가지 않는 큰 짐만 실려 있다. 위대한 문명이 가난에 밀려 더 안쓰럽다. 사람을 짐처럼 가득 채운 차가 간다. 인생이 이 세상에서 저 세상으로 가는 잠시의 다리라 해도 닭을 싣듯 차에 가득 실려가는 소년소녀의 맑은 얼굴은 타지 마할의 독존을 문득 답답하게 한다. 그러나 정작 그들의 삶이 부와 지성으로 상징되는 우리의 문명보다 아래에 있는 것일까. 가난이 나라 전체에 가득한데 이들의 얼굴에 깃들인 평화와 지혜는 어디에서 오는 것일까. 위대한 문명국가의 가난과 문화적 유산의 기이한 공존이 문득 혼돈스럽다.

열두시가 넘어 델리에 도착하였다. 피곤하나 오늘의 느낌을 떨치고 그냥 자기 힘들어 인도산 와인을 마신다. 건축을 처음 시작할 때부터 보고 싶었던 공간을 보고 난 감상을 회상한다. 타지 마할은 겨우 350년밖에 되지 않았고 건축의 역사에는 더 위대한 건축들이 수없이 많으나 어느 건축보다 더 큰 감동을 받았다. 샤흐 자한과 건축가 우스타드 아흐마드(Ustad Ahmad)는 무굴 제국의 전통과 그들의 개인적 삶의 광맥에서 찾은 시적 영감과 미술적 재능으로 이승과 저승 사이에 사랑과 죽음의 시학적 공간을 만들었다.

다른 건축과 달리 타지 마할은 시간과 장소의 어느 정지된 순간에 이 세상 것이 아닌 듯한 신비의 모습을 드러낸다. 정면으로 접근해 들어가는 순간 숨막힐 듯한 아름다움으로 현현한다. 타지 마할의 형태는 일견 비할 수 없이 단순하고 순수해 보인다. 그러나 서서히 다가서면 형언할 수 없는 다양한 형상언어가 드러난다. 마치 달빛으로 빚은 듯한 아름다운 미술적 세공과 절묘한 비례의 공간형식이 환상의 세계를 이루고 있다.

타지 마할의 건축적 완성도는 회랑과 정원과 영묘가 만들어내는 외부의 조화가 내부공간으로 이어져 하나의 전체를 이루는 데서 절정에 달한다. 중앙홀의 돔에는 아무런 빛이 없다. 서양건축의 성전은 중앙홀에서 빛이 시작하는 데 비해 타지 마할은 빛이 위가 아닌 옆으로부터 와서 영원히 잡히지 않는 신비의 실재를 드러내 보인다.

타지 마할의 진정한 모습은 흰 대리석의 영묘만이 아닌 묘역 전체에 있다. 나아가 야무나 강과 아그라 성 그리고 타지 마할이 이루는 큰 형상은 놓쳐서는 안 될 조화이다. 그곳에는 저 세상과 이 세상이 함께한다. 학자들은 타지 마할이 낙원을 상징하는 정원 한가운데가 아닌 강가에 서 있고 네 면에 새겨진 『코란』이 모두 심판의 날과 부활의 날에 관한 것이라 하여, 낙원의 이미지보다 최후 심판일의 성좌를 상징한다고 한다. 그러나 건축의 본질적 의미는 지을 당시의 논리에 구속되지 않는다. 필요에 국한된 건축은 당대에 의미가 소멸하지만 본질을 말하는 건축은 영원히 존재하는 것이다.

열네번째 아기를 낳다가 죽은 아내를 위해서 샤흐 자한은 22년에 걸쳐 그녀의 무덤을 지었다. 그는 삶과 죽음의 의미를 영원의 낙원과 최후의 심판, 실재와 비실재의 이중 이미지를 통해 인류의 아름다움으로 승화시킨 것이다. 천년건축을 알기 위해 역사를 알아야 하지만, 참다운 천년건축은 누구나 알 수 있는 조형언어로 역사의 의미를 말한다. 타지 마할에서 삶과 죽음의 시간과 공간을 느끼지 못한다면 아름다움을 아는 것이 아니다.

떼오띠우아깐

1000년 동안 지속하다가 8세기에 사라진 고대 멕시코 문명의 유적도시 떼오띠우아깐은 경주와 거의 같은 시기인 6세기 말경 전성기를 맞은 20만 인구의 도시였다. 대부분이 아직 폐허에 묻혀 있고 신전구역인 죽은 자의 거리만 발굴되었는데, 이 거리 양쪽에 거대한 격자형 도시가 있었다고 추정된다.

떼오띠우아깐 들여다보기

화려하고 웅장한 신전의 도시인 떼오띠우아깐(Teotihuacan)은 1000년 동안 지속되다 8세기에 사라져버린 고대 멕시코 문명의 심장부로, 멕시코씨티에서 북동쪽으로 50km 떨어진 고원에 자리잡고 있었다. 6세기 말경 전성기를 맞았던 떼오띠우아깐은 당시에 이미 방대한 도시계획이 이루어졌다. 이 도시가 서 있는 고원은 해발 2300m이고, 멕시코 계곡과 뿌에블라(Puebla) 계곡을 잇는 천연의 통로에 위치하고 있으며 동쪽으로는 베라끄루스가 있는 멕시코 만과 인접하고 있다.

중심 대로인 '죽은 자의 거리'는 폭이 45m, 길이가 4km이고, 거리 양쪽으로는 격자형 도시가 펼쳐져 있었다. 여기서 종교의식이 이뤄졌으며 이 거리 북쪽에 '달의 광장'과 '달의 피라미드'가 있고 거리의 동쪽에 태양의 피라미드가 있으며 남쪽 흙언덕 분지 위에 '께짤꼬아뜰(Quetzalcoatl) 신전'이 자리잡고 있다. 태양과 달의 두 피라미드가 죽은 자의 거리에 66m 높이로 솟아 있다. 태양의 피라미드의 계단은 45도로 경사져 있으며, 기단은 220×230m로 정사각형에 가깝다. 표면의 구조물들은 아직

멕시코에는 고대의 유적들이 많이 분포되어 있다. 그들은 신들의 도시라 불리는 거대한 규모의 도시들을 건설하였다. 지역적으로 엄청나게 떨어진 이곳에 이집트나 서아시아의 피라미드와 유사한 형태의 피라미드가 있어 그 상관성에 대한 무수한 가설을 낳고 있다.

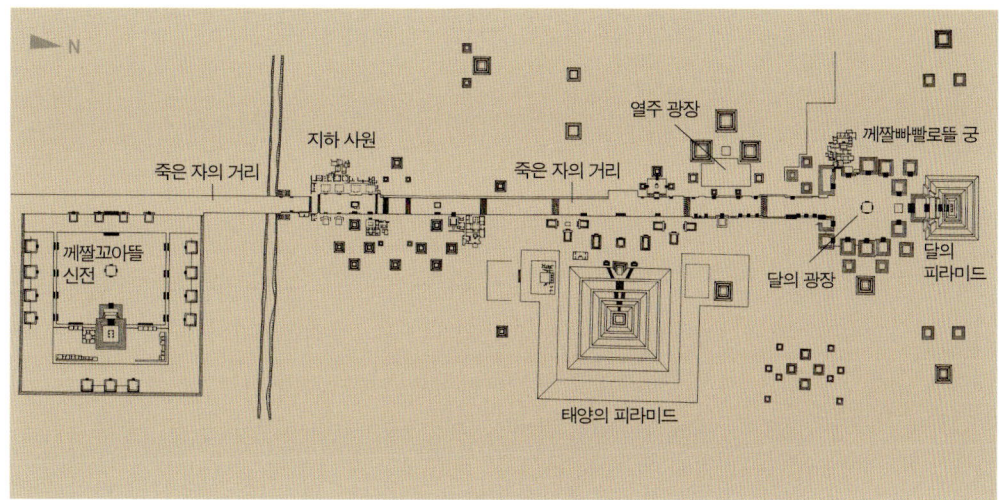

떼오띠우아깐 배치도. 중심 대로인 죽은 자의 거리 끝에 달의 광장과 달의 피라미드가 있다. 주변에는 주거지가 있었으리라 추측된다.

도 윤곽이나 모양이 뚜렷한데, 1세기에 세워진 이 피라미드의 공사는 하루 3000명씩 동원하여 30년이 걸렸을 것으로 추정된다.

귀족과 신관 등은 웅장한 피라미드가 서 있는 도시 중심부의 저택에서 거주하였는데, 그들의 저택은 피라미드와 같이 이 고장에서 캐낸 붉은 화산암으로 지어졌다. 화산암인 흑요석은 유리 같은 암석으로, 부싯돌보다 단단해 도구와 무기, 사치성 공예품의 재료로 사용되었으며 떼오띠우아깐의 주요한 산업 원천이었다.

떼오띠우아깐의 멸망에 대해서는 아직도 논란이 많다. 7세기경 인구가 20만에 이르면서 문화적 중심지로 영향력을 행사했는데, 권력층의 내부 분열로 시민들이 떠나버리거나 북방 무사족의 침략을 받아 파괴되었을 것이라는 설 등이 있다. 떼오띠우아깐은 과거 화려했던 멕시코 문명의 일부로 도시의 대부분이 발굴되지 않은 채 남아 있다.

라틴아메리카 최대의 고대 도시국가, 떼오띠우아깐

1 Prizker award / 미국 하얏트 재단이 제정한 세계적인 건축상.

누구나 멕시코씨티에 오면 그 도시보다 8세기에 사라진 옛 도시 떼오띠우아깐을 먼저 찾는다. 프리츠커 상(賞)[1] 심사위원이자 일본의 건축전문지 『에이 플러스 유』(A+U, *Architecture +Urbanism*)의 주간 나까무라(中村敏男) 씨 그리고 프리츠커 씨 등과 함께 두 대의 차에 나눠 타고 떼오띠우아깐으로 간다. 도심을 벗어나서 변두리를 지나 45분간 달린다. 도심은 비교적 잘 정돈되어 있으나 변두리에는 도처에 가난이 보인다. 오래된 문명국가의 가난은 우리를 더 슬프게 한다. 사람들이 1000년 넘게 여기서 살아왔는데 아직 이렇게 폐허에 머물러 있다.

떼오띠우아깐에 도착한다. 멕시코씨티에서 북동쪽으로 약 50km쯤 떨어져 있다. 기원전 2세기경에 건설된 라틴아메리카 최대의 도시국가였던 곳이다. 이 나라의 주인들은 어디서 왔다가 어디로 사라진 것일까. 가장 번성했던 5, 6세기경 로마 제국의 신수도 꼰스딴띠노쁠리스의 인구가 2만이었던 데 비하면 전성기 떼오띠우아깐의 20만 인구는 도시국가로서의 완전한 규모와 내용을 가지고 있었음을 보여준다. 면적이 12km²였고 5만여 명이 1000개의 공동주택에 살았으며 600개의 보조적 성격을 지닌 피라미드와 신전이 있었다. 또 500개의 공방이 있어서 도기와 보석, 돌 등을 세공했다. 그러다가 8세기경 문득 사

태양의 피라미드. 1년에 두 번, 태양이 피라미드 바로 위에 오는 날엔 후광이 비치는 것처럼 보인다.

라진 것이다.

수백년 뒤에 이곳을 발견한 아스떽인들이 이 도시를 신들의 도시라고 생각한 것을 이해할 수 있다. 엄청난 규모의 죽은 자의 거리에 늘어선 태양과 달의 두 피라미드와 께짤꼬아뜰 신전이 산상에 신들의 도시를 이루고 있다.

12년 전에 왔을 때의 감격이나 충격 대신 이제는 형식과 내용을 조금은 이해할 듯한, 그러나 머리가 열린 대신 마음이 닫힌 그런 느낌이다. 2300m의 고원이라 그런지 어제 저녁부터 약간씩 현기증이 느껴지더니, 여기 오니 많이 어지럽다.

20만 인구를 자랑했던 도시가 신전구역만 남았다. 동행한 멕시코 건축가가 신화를 들려준다. 신들은 떼오띠우아깐(신들의 장소)에 모여 누가 다음 태양이 될지를 토론했다. 누군가가 불꽃 속으로 몸을 던져 희생해야 다음의 태양이 생기는 것이다. 두 명의 신이 몸을 바쳐 희생했다. 한 신은 불꽃의 중앙에서 타오르고 다른 한 신은 불꽃의 가장자리에서 타올랐다. 이때 께짤꼬아뜰이 태어났다. 그는 인간의 모습을 하고 있었다. 그의 사명은 인류의 제5시대를 준비하는 것이었다. 아스떽인들은 우주에 대주기가 있다고 생각했다. 신관들은 인간이 창조되고 난 뒤 네 번의 태양이 있었고 께짤꼬아뜰의 탄생으로 인류는 제5의 태양 시대에 살고 있다고 생각한 것이다.

멕시코에 오면 모든 것이 신비롭다. 께짤꼬아뜰의 중앙제단에서 소리치면 사방이 하나의 소리 공간을 형성한다. 고원 위에 음의 세계가 상형화된다. 죽은 자의 거리를 가로질러 간다. 태양의 피라미드를 지나 달의 피라미드로 서서히 걸어간다. 문득 2000년 전 그들의 시간 속을 간다. 달의 피라미드에 오른다. 떼오띠우아깐은 태어남과 죽음 사이의 삶만이 아니라 미래의 삶에 대해 어떤 언명을 하고 있는 듯하다.

전설에 의하면 왕이 죽어서 이곳에 묻히면 신이 된다고 한다. 고대 상형문자를 보면 거대한 건축물 속에서 거행하는 의식의 목적은 하늘의 문을 열고 왕이 신의 반열에 오르도록 하는 것이었다. 기자의 피라미드의 종교적 역할도 떼오띠우아깐의 피라미드와 같은데 이것은 우연일까? 또한 기자의 쿠푸 왕 피라미드는 카프라 왕 피라미드보다 크지만 정상의 높이는 같다. 마찬가지로 태양의 피라미드가 크지만 정상의 높이는 달의 피라미드와 같다. 둘 다 지반의 높이 차이 때문이다. 둘 사이에 어떤 관계가 있을까? 기자와 마찬가지로 떼오띠우아깐에도 세 개의 중요한 피라미드가 세워져 있다. 께짤꼬아뜰 신전 피라

죽은 자의 거리 북쪽에 위치한 달의 광장과 달의 피라미드.

미드, 태양의 피라미드, 달의 피라미드. 이 피라미드들의 배치는 길을 축으로 좌우 대칭이며, 기자와 마찬가지로 두 피라미드는 병렬로 나란히 배치되고 세번째 피라미드는 어긋나게 배치되어 있다. 기자의 피라미드가 지어진 것은 4500년 전이지만 떼오띠우아깐의 건립 연대는 2500년 전으로 추정된다. 엄청난 시간과 공간을 격한 두 유적이 갖는 내용의 본질적 유사성은 인간으로부터 온 것인가, 신으로부터 온 것인가.

다시 죽은 자의 공간으로 들어선다. 길에 일정 간격으로 수중보 같은 것이 있고 주의깊게 배치된 운하와 지하의 수로 씨스템이 있었다. 함께 간 멕시코 건축가는 수로를 지난 물이 수중보에 담겨 만들어내는 인공호수가 밤하늘과 수많은 횃불이 비추이는, 하늘을 향한 거대한 제례의 공간이었을 것이라고 한다. 고원이라고 해서 숨이 가쁘기만 한 것은 아니다. 아메리카 대륙은 사람을 잠시 신비의 세계로 끌고 간다. 홀연히 나타났다 사라진 마야, 아스떼까, 잉카의 문명을 어떻게 이해해야 할 것인가? 아시아, 아프리카의 고대 도시와 아메리카의 고대 도시는 또 이렇게 서로 다르다.

프리츠커 씨도 힘들어하고 나까무라 씨 등 몇몇은 아주 지쳤다. 내일은 박물관과 도서관에 가보자. 어느 도시에 가나 박물관과 도서관만한 것이 없다. 나이가 들어서인지 그동안의 피로가 쌓여서인지 고원의 태양을 견디기 힘들다. 미지근한 콜라를 마신다.

성채 앞에서 달의 피라미드와 태양의 피라미드를 바라본다. 완전도형의 원형(原形)이 느껴져온다. 인간은 유기적 질서와 기하학적 질서라는 2원 개념을 함께 가지고 있다. 기자의 피라미드는 기하학적 질서 형식을 통해 형이상학적 질서를 표상하며, 떼오띠우아깐은 기하학적 질서 형식 속에 도시적 질서를 표현하고 있다. 기자에서는 피라미드의 내부공간을 볼 수 있었으나 떼오띠우아깐에서는 고대 도시의 모습을 볼 수 있었다. 여기서 미래 도시의 원형을 생각할 수 있지 않을까. 프리츠커 상 시상식에 초대된 것보다 떼오띠우아깐에의 초대가 더 의미심장하다. 멕시코의 건축가, 도시학자 들에게 더 많은 얘기를 듣고 싶다.

싼 까딸도 묘지

금세기 최고의 건축가 중 하나인 알도 로씨는 단순한 공동묘지를 죽은 자들의 도시로 승화시켰다. 싼 까딸도 묘지는 삶의 의미가 완결되는 사후의 세계를 위한 것으로, 허무의 도시로 아름답게 실현된 산 자를 위한 죽은 자의 공간이다. 알도 로씨는 기하학적 입체의 반복을 통해 죽음의 형식과 삶의 형식이 대위법을 이루는 형이상학적 공간을 만들었다.

싼 까딸도 묘지 들여다보기

밀라노 출신의 건축가 알도 로씨(Aldo Rossi, 1931년생)는 건축의 형태적 언어가 몇개의 전형적 요소로 요약될 수 있고 이러한 요소들은 역사적 분석을 통하여 유추되며, 이것은 주거건축에서 거대한 규모의 마스터플랜에 이르기까지 모든 건축을 결정하는 기본적 법칙이 될 수 있다고 주장하였다.

기존의 신고전주의[1] 양식의 묘지를 확장하기 위해 마련된 현상설계에서 당선된 알도 로씨의 안은 기존 건물과의 연속성 위에서 디자인되었다. 묘지의 주위를 둘러싸고 있는 벽은 조적식 구조[2]의 기존 묘지 벽을 연장시키며, 회랑은 도시적 요소를 지

1 18세기 바로끄 양식이 막을 내린 후 출현한, 고전주의를 추상화하는 경향.
2 組積式 構造 / 벽돌, 돌, 시멘트 블럭 등의 재료를 쌓아올려 구성한 구조.

로마에서 이딸리아 중부의 중세도시들을 지나 베네찌아로 가는 길에 들를 수 있는 모데나 시. 이곳에 있는 알도 로씨의 싼 까딸도 묘지는 고대 로마 이후 서양건축의 흐름을 주도했던 이딸리아의 건축 논리를 잘 보여준다.

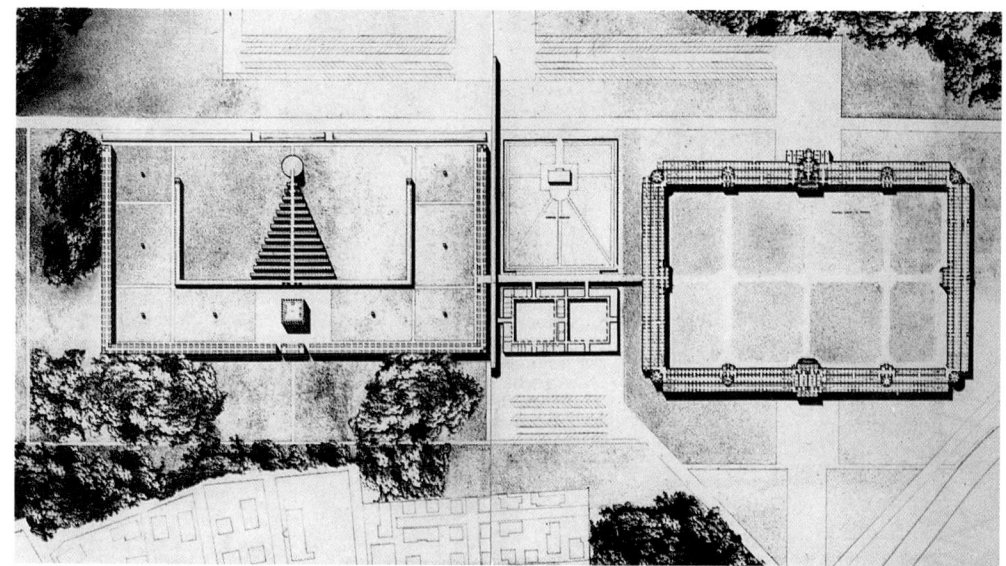

싼 까딸도 공동묘지의 전체 배치도. 오른쪽이 기존 묘역이고 왼쪽이 새 묘역이다.

닌 지붕이 있는 가로의 역할을 한다. 삼각형 배치를 이루고 있는 중앙의 납골당을 통과하는 중앙축의 시작과 끝에는 원뿔과 육면체의 기하학적 건물이 배치되어 있다. 원형 건물의 하부에는 공동묘지가 있고 육면체의 건물 안에는 2차대전 전사자들을 위한 사당과 기존 묘지의 납골 단지가 위치한다.

   이 두 기하학적 건물을 척추와 같은 형태의 배치를 통하여 연결하고 있는데, 이러한 상징성은 삶의 끝이 죽음이 아니라 죽음은 삶에 의미를 부여하는 형식이라는 삶과 죽음의 대립적 중요성을 묘사하고 있다. 바닥과 지붕, 유리가 없는 창을 가진 육면체의 건물은 버려진 집, 즉 죽음을 상징한다. 나아가 이 건물로 향하는 진행 축에 연속적으로 위치하는 직사각형 입체의 높이를 순차적으로 높임으로써 삼각형의 배치형태를 입면상으로도 표현하고 있다.

죽은 자들의 작은 도시,
싼 까딸도 묘지

　　로마에서 이딸리아 중부의 중세 도시들을 지나 베네찌아로 가는 길에 모데나 시에 들르기로 한다. 싼 마리노에서 북북서로 두 시간 거리다. 볼로냐에서 서쪽으로 더 들어간 곳에 있는 모데나에는 알도 로씨의 대표작인 싼 까딸도(San Cataldo) 묘지가 있다. 알도 로씨라는 작가는 작년에 성대 이상해 교수로부터 처음 이름을 듣고 『에이 플러스 유』에 난 그의 특집을 보아서 알고 있을 뿐인데, 나중에 보니 대단히 널리 알려진 건축가로 많은 추종자와 아류를 가진 후기 현대건축의 대표작가 중 하나였다.

　　10여 년간 잡지를 보지 않고 지냈더니 무식한 사람이 되었다. 동시대 건축가에 대해서 그렇게 많이 알 필요가 있는지 모르겠다고 생각했고, 또 건축의 새로운 흐름이 있다 하더라도 남의 고뇌를 따라다니다 보면 스스로 생각하는 능력이 떨어지는 법이라 혼자만 가다 보니 당대의 대가 이름도 모르게 되었다. 그러고 보니 리처드 로저스[3]같이 뽕삐두 쎈터[4] 등으로 누구나 알 만한 사람말고는 아는 사람도 없다. 동시대인에 관심을 가져 나쁠 일도 없는데 게으름에 대한 변명을 늘어놓으며 지내온 셈이다.

　　신문은 매일 보면서 굳이 건축잡지를 안 볼 것도 없다. 언젠가 백남준 선생의 폭넓은 지식에 감탄하여 독서에 대해 여쭈었더니『뉴욕

3 Richard Rogers / 하이테크로 분류되는 현대건축의 사조를 대표하는 영국의 건축가.
4 Pompidou Center / 1971년 개관한 빠리의 예술문화쎈터. 개념이나 형태에서 고정관념을 깨는 혁신을 이루었으며 도시와 건물의 관계에서도 찬반 논쟁을 불러일으켰다.

타임즈』를 읽는다고 했다. 농담인가 하였으나 "신문의 좋은 글은 현실과 부딪쳐 일어나는 불꽃 같은 것이고, 많은 지식인들이 읽기 때문에 당대 최고의 지식인, 예술가 들이 모호한 지적 유희를 배제하고 확실하게 쓴 글이니 예상 외로 좋은 글이 많다. 고전을 읽는 것은 기본이지만 오늘의 지적 현장에 대한 지식인의 참여도 필요한 일이다. 지적 균형을 유지하는 일이 중요하다"라는 말씀이다.

우연히 보게 된 알도 로씨 특집만으로는 그를 이해하기 어려웠다. 우선 본인의 글이 실리지 않은데다가 몇몇 평론가의 글은 무슨 소린지 알 수 없었다. 요즈음 잡지를 잘 보지 않는 이유 중의 하나가 모처럼 읽으려 해도 무슨 소린지 알 수 없는 글들이 많아서인데 알도 로씨 특집도 그런 경우였다. 건축을 보고 아는 능력도 만드는 능력처럼 타고나야 한다. 책을 많이 본다고 보는 능력이 생기는 것이 아니다. 이즈음은 많이 알기만 하고 볼 줄 모르는 평론가가 많다. 게다가 그런 사람들은 부지런해서 더 많이 말한다.

건축가는 그 작품에 모든 것이 나타날 수밖에 없는데 알도 로씨는 자기류의 독특한 세계관과 역사관을 가진 대단히 재능있는 사람이지만, 그 사상과 재능이 혼연일체된 하나라기보다 논리가 앞서는 경우가 아닐까 생각했다. 대개 이런 사람들은 도시와 역사를 거론하게 마련인데 사진과 도면으로만 본 그의 건축은 일견 의심스러운 바가 없지 않았던 것이다.

최초의 대학도시 볼로냐를 보고 싶었으나, 동시대인으로서의 관심과 내년에 있을 베네찌아 대학에서의 강연과 전시를 위해서 베네찌아 대학의 교수인 그의 작품을 보아두는 것이 좋을 듯하여 볼로냐를 스쳐 모데나로 간다.

유럽을 다녀보면 도처에 공원묘지가 보인다. 이들은 죽은 후에도 도시와 마을 옆에 산다. 죽은 이들의 공동체가 산 사람의 공동체와 함께 있는 것이다. 알도 로씨의 싼 까딸도 공원묘지는 기왕의 옛 묘역 옆에 새로운 묘역을 더한 형식인데, 기존의 묘역은 대칭으로 담 안에 ㅁ자 회랑이 있고 가운데 중정이 있다. 담과 회랑 사이의 마당은 가족묘들이고 회랑 안은 칸칸이 나누어진 공동묘지며 중정 안은 다시 개인의 묘역이다. 담과 회랑과 마당 세 곳 가운데 하나로 각각의 안장 형식을 선택하게 되어 있다. 산 사람이 만든 죽은 자의 작은 도시다.

알도 로씨의 공동묘지는 기존 공원묘역을 확장하는 것이긴 하지만 옆에 덧짓는 형식이 아니라 별도의 완전세계를 이루고 있다. 카이로의 이집트 고고학박물관에서 본 추상적 패턴의 무의미한 반복 구조가

아무도 살지 않는 죽은 이들의 건축에서 도시공간 형식을 느끼는 기이한 체험을 하게 되는 싼 까딸도 묘지 전경.

왼쪽 / 중앙의 납골당. 무의미한 격자의 반복과 빈 공간이 죽음의 공간을 상징한다.
오른쪽 / 납골당에서 바라보이는 판면 열주.

잡초 너머로 바라다 보인다. 아직 미완성이다. 사방이 닫힌 회랑으로 둘러싸이고 안에 다시 열린 회랑이 겹쳐지며 가운데 탑 좌우로 대칭 구조가 반복되는 건축형식인데 반만 완성되었다. 중심구역의 원형탑은 아직 서지 않았다.

묘지의 입구를 찾으려면 꽃집을 찾아야 된다는 상식을 모르고 엉뚱한 곳을 헤매었다. 죽음의 공동체 구역에도 씨에스따[5]가 있는 모양인지 열두시부터 두시까지는 문이 닫힌다. 한시 반이므로 근처에서 점심을 먹고 다시 오기로 한다. 가까운 식당으로 간다. 묘지 옆에서의 식사는 미묘한 감상을 낳는다. 스빠게띠와 쌜러드와 피짜를 서둘러 먹고 다시 묘지로 온다.

5 siesta / 더운 지방에 있는 오후의 낮잠이나 휴식.

옛 묘지를 지난다. 죽음의 공동체 공간이 삶의 공동체 공간과 다르지 않은 비례로 만들어져 있다. 대학공동체 같은 중정이 있는 옛 묘역을 가로질러 새 묘역으로 간다. 증축된 곳은 삶의 공간이 아닌 죽음의 공간이다. 대단한 재능이다. 이렇게 담대하게 단순할 수 있는 것이 우선 경탄스럽다. 지적·사상적 배경이 큰 건축가다. 췌사를 과감히 생략하고 바로 개념 그 자체를 그려내었다. 이만한 것은 아무나 할 수 있는 일이 아니다. 시도해보기도 어려운 일이다.

판형의 열주(列柱)로 기존구역과 증축구역이 분계된다. 옛 묘역과 새 묘역을 무의미해 보이는 끝없는 회랑으로 구획한 것은 과연 알도 로씨답다. ㅁ자 회랑은 새 묘역의 담인 셈이어서 안쪽에 다시 트인 회랑이 ㄷ자로 연속하고 안에 큰 중정이 이어진다. 닫힌 ㅁ자 회랑에서 열주가 있는 부분과 안의 트인 회랑 사이에는 개인과 가족 묘가 있고 회랑들의 안에는 마치 아파트 같은 칸칸의 묘실이 있다. 중정 한가운데 동서로 정방형과 원형의 탑 모양 건물이 돌출한다. 아직은 짙은 땅색의 정방형 납골당만 서 있다. 내부 복도 주위로 납골당이 입방체 속의 입방체로 끊임없는 반복과 윤회를 이루는 피안과 차안의 중간지대 같은 곳이다. 이론가가 대단한 재능을 타고나지 않으면 할 수 없는 시도이다.

그는 예술적 체험보다는 지적 체험인 것을 시도한다. 시적 감수성보다 지적 감수성의 세계를 강하게 느끼게 한다. 그래서 정통의 건축이 주는 본격적인 건축세계의 다양한 깊이와 규모보다는 무언가 선언적이고 생략적이며, 따라서 정서의 독재적 그늘이 짙게 드리운 강제된 건축체험을 하게 한다. 아직 완성되지 않은 작품만 봤을 뿐 그의 다른 작품을 보지 못하였으므로 그에 대한 평가는 일단 보류해야겠으나 역시 대단한 건축가다. 다음 여행 때는 필히 그의 작품을 몇 찾아보고 내가 '아키반 선언'[6]을 쓸 무렵 그가 썼다는 「도시로서의 건축」을 읽어보아야겠다.

죽은 자의 공간 속에서 서양건축사의 깊은 그림자를 느끼고 아무도 살지 않는 사자(死者)의 건축에서 도시공간 형식을 느끼는 기이한 체험을 한다. 이딸리아 이성주의 건축의 새로운 흐름을 주도하는 그의 건축에 대해 진지하게 공부해보고 싶어졌다. 그리고 무엇보다 집합주

6 1967년에 발표한 건축과 도시의 새로운 패러다임에 대한 선언.

죽음에 이르는 삶의 길을 벽과 벽 사이로 비치는 햇빛과 그림자로 형상화한 기존 묘역과 새 묘역 사이의 회랑.

택 형식으로 이루어진 죽은 이들의 마을에 대해서도 공부하고 싶다. 산 자의 공간만큼 죽은 자의 공간에 대해서도 준비하여야 한다. 죽음의 공간은 죽은 자의 것이 아니라 산 자의 것이다. 산에서 눈을 돌리게 하는, 전 국토로 한도 없이 뻗어가는 묘지를 이제 다시 생각해보아야 한다. 화장과 매장의 양자택일을 말할 것이 아니라 죽음의 형식을 말할 수 있어야 한다. 싼 까딸도 묘지는 내게 알도 로씨라는 건축가를

시신이 안치되는 입체의 공간 묘역. 서랍 공간 하나하나가 개인의 묘이다.

알려주기도 했지만 죽은 자의 공동체, 죽음의 형식에 대해서 많은 것을 생각하게 했다. 로마에서 여기까지 여섯 시간을 달려온 보람이 있다. 건축가는 삶과 죽음의 공동체 모두를 위해서 일해야 한다. 위대한 건축은 삶과 죽음의 형식 모두를 말한다.

제 2 부

신의 공간

아끄로뽈리스

지중해를 제패한 아테네가 국력을 기울여 지은 그리스 문명 최고의 유적 아끄로뽈리스. 거대한 암벽 위에 미께네식 성채로 둘러싸인 이곳에는 빠르테논 신전을 비롯해 수많은 신전들이 있었으나 지금은 네 개의 신전과 성채만 남았다. 중앙에 빠르테논이, 왼쪽에는 에렉테이온과 쁘로뻴라에온이 보인다. 지그재그 모양의 계단과 경사로 도시와 이어지며 암벽 아래 아띠꾸스 극장이 보인다.

아끄로뽈리스 들여다보기

1 Pericles(?~BC 429) / 고대 아테네의 정치가이자 군인. 아테네 민주정치의 완성자.

2 아끄로뽈리스는 고대 그리스에서 도시마다 제일 높은 곳에 지은 신전으로, 아테나 여신을 위한 빠르테논 신전을 세운 아테네의 것이 제일 유명해서 특별한 설명 없이 '아끄로뽈리스'라고 하면 그곳을 일컫는 것으로 받아들이게 되었다.

그리스가 페르시아와의 전쟁에서 승리한 후, 아테네는 델로스 동맹의 지도국으로서 뻬리끌레스[1]의 지도 아래 어느 시대 어느 곳에서도 일찍이 볼 수 없었던 예술적 승리를 경험하게 된다. 기원전 480년 페르시아인에 의해 파괴된 후 다시 복원된 아끄로뽈리스(Acropolis)[2]가 바로 그 대표적인 예이다. 암벽 위에 우뚝 솟은 성벽과 건축군의 아름다움은 서양건축사 최고의 성과이다.

아끄로뽈리스는 기자의 피라미드군과 마찬가지로 외부공간이 기본이 된 건축군이다. 한편 피라미드군과는 달리 아끄로뽈리스의 외부공간은 뛰어난 조각으로 장식되어 있어 거대한 조각군으로 이해하기도 하나, 조각과 건축이 하나의 미술형식을 이룬 건축군으로 보아야 한다. 비정형적으로 위치한 계단과 경사로를 통한 접근이나 신전과 그밖의 3차원적 구조물을 이어가는 공간전이의 방식은 조각군으로서가 아닌 건축군으로서의 원칙과 방식에 근거하고 있다.

거대한 암벽 위에 미께네식 성채로 둘러싸인 아끄로뽈리스에는 인류 최고의 건축인 빠르테논(Parthenon) 신전을 비롯해 쁘로삘라에온(Propylaeon), 아테나 니께(Athena Nike) 신전, 에렉테이온(Erechtheion) 등의 신전 이외에 옛 아테나 신전과 아테나 쁘로마코스(Athena Promachos) 여신상과 로마 시대의 수조(cistern)가 있었으나 지금은 네 신전과 성채만 남아 있다. 아끄로뽈리스의 신전들은 비대칭적 구성과 비직선적 접근형식을 취하여 탁월한 동적 미학의 공간을 이루었다.

쁘로삘라에온은 아끄로뽈리스로 들어가는 입구건물이다. 여섯개의 도리스식 기둥을 지나 2열의 이오니아식 기둥을 통과하면 앞마당 좌우의 회랑을 포함하는 두개의 부속건물로 들어갈 수 있다. 아끄로뽈리스 중앙에 있는 아테나 쁘로마코스의 거대한 조각상이 서 있고, 빠르테논 신전은 다양한 특색을 조합하기 위해 외부에는 도리스식 기둥을, 내부에는 이오니아식 기둥을 사용하였다. 쁘로삘라에온 오른쪽에 있는 아테

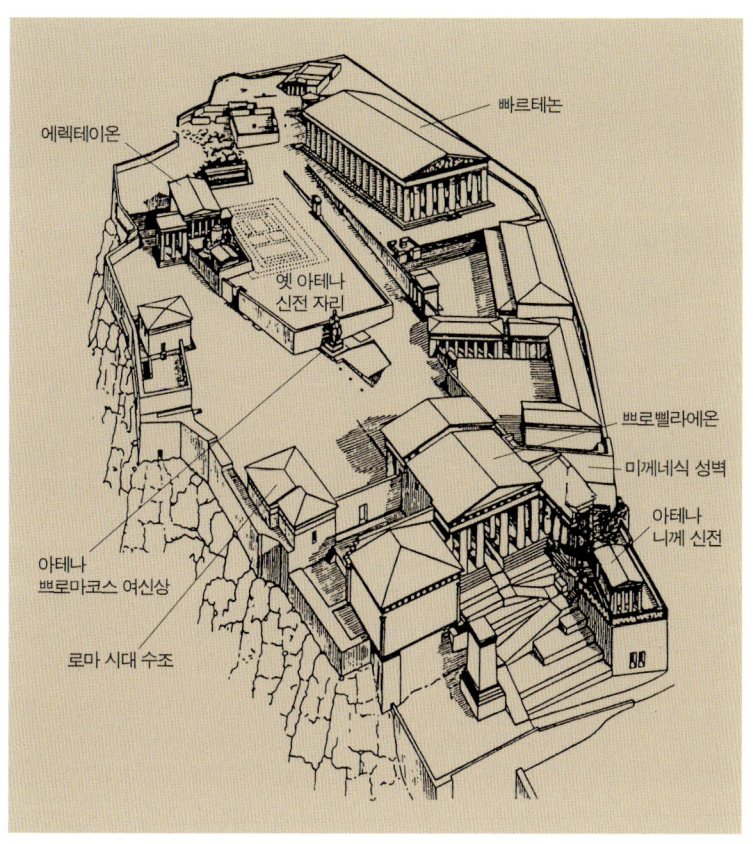

아끄로뽈리스 배치도.

　나 니께 신전은 아끄로뽈리스 건물 중 최초로 이오니아식 기둥으로만 만든 건물이다.

　에렉테이온은 가장 나중에 지은 건물로 아테네의 신화적 영웅 에렉테우스의 이름을 따서 명명되었다. 여러 신전이 모여 있고 대지가 불규칙하여 에렉테이온의 평면은 그리스 신전으로는 특이하게 정형이 아니다. 에렉테이온의 비대칭성은 빠르테논의 대칭적 통일감과 효과적인 대비를 이루며 현관의 여인상 기둥 역시 빠르테논의 도리스식 기둥과 강한 대비를 이루고 있다. 기둥에 사람의 모습을 사용한 것은 건축의 추상성 원칙을 벗어난 것이나, 비대칭적이고 세련된 비례의 에렉테이온에서는 오랜 전통을 가진 세속의 종교적 의식이 인간화된 것으로 볼 수 있다.

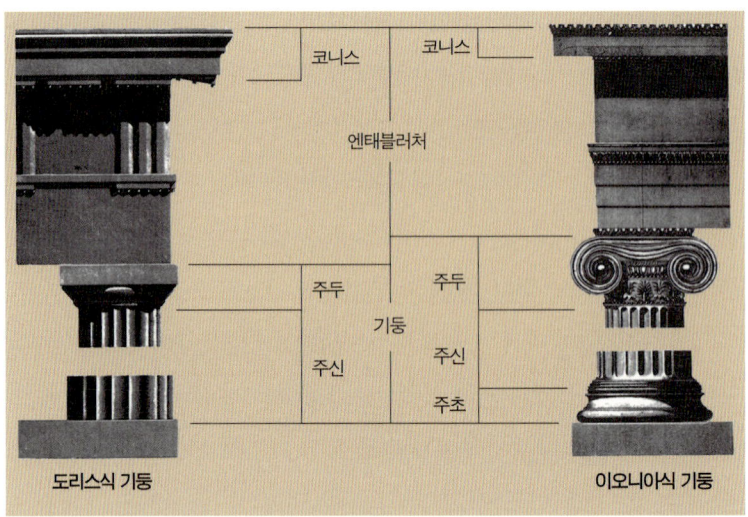

도리스식 기둥　　　　　　　　이오니아식 기둥

　빠르테논은 아끄로뽈리스에서 최초로 건축된 주건물로 아끄로뽈리스 건축군의 중심이다. 도시의 여신인 아테나 빠르테노스(Parthenos)에게 바쳐진 이 건물의 총책임자는 조각가 피디아스(Phidias)였고 익띠노스(Ictinos)와 깔리끄라떼스(Callicrates)가 주건축가였다. 빠르테논은 사방이 열주로 둘러싸인 신전으로, 좁은 폭이 넓은 폭의 절반에 약간 못 미치는 직사각형이다. 사방의 열주 안 벽으로 둘러싸인 내부공간은 피디아스의 작품인 아테나 빠르테노스의 조상이 있는 나오스와 델로스 동맹의 보물창고로 이루어졌으며 벽을 등지고 별도의 입구를 갖는다. 내부공간에는 자체의 지붕을 지지하기 위한 기둥이 있는데 나오스에는 2열의 작은 기둥이, 보물창고에는 네 개의 이오니아식 기둥이 있다. 이 두 공간은 그리스 건축에서도 보기 드문 아름다운 실내공간이다. 내부공간은 이오니아식 기둥이나 외부공간은 도리스식 기둥의 극치를 보여준다.
　아끄로뽈리스의 가장 높은 장소에 세워진 빠르테논은 먼 바다에서도 잘 보인다. 빠르테논의 석재는 아테네 부근의 산에서 채취되었으며 빛의 변화에 따라 다양하게 변한다. 실내외 건축공간의 성공적 일치와 극도로 세련된 건축형태로 인해 빠르테논은 서양건축사에서 최고의 자리를 차지하고 있으며, 고딕 성당처럼 건축과 조각이 하나가 된 종합예술의 최초의 예로 평가받는다. 순수한 직각만이 아닌 빠르테논의 건축형식은 인간과 건축 사이의 교감을 위한 새로운 기법으로 이집트 신전에서와 같은 비인간적 비례를 극복하여 건축이 어떻게 인간에게 보여지는가를 처음으로 고려한 것이다. 빠르테논 신전은 1687년 터키군의 탄약고로 쓰이다가 베네찌아 군의 직격탄에 의해 크게 파손되었으며 그후 지금까지 계속 복원되고 있다.

아테네 역사문화의 인프라, 아끄로뽈리스

1970년 건축가협회와 함께 건축전문 잡지인 『현대건축』을 창간하였을 때 잡지의 표지로 아끄로뽈리스를 선정하였다. 건축하는 사람은 누구나 아끄로뽈리스 언덕을 건축의 성지로 생각한다. 피라미드는 건축이라기보다 역사적 유적이다. 그러나 아끄로뽈리스에는 인류가 이상으로 생각한 인간집합의 모습이 2500년 넘게 도시의 문화 인프라로 남아 있다.

아끄로뽈리스 전경. 아끄로뽈리스는 신전이 자리잡은 성역이자 도시국가의 방어요새 역할을 했다.

그리스 문명은 인간을 중심으로 한 최초의 문명이다. 아테네는 처음으로 개방적 민주주의 사회를 이룩한 도시국가로서, 개인의 인간적 자유에 대한 이상이 바로 여기서 비롯되었다. 인간적 자유는 사람들에게 공통적으로 받아들여지는 사회질서가 있을 때 실현될 수 있고, 아테네에서는 자유와 질서의 미묘한 균형이 최초로 시도되었다. 인류 역사는 그리스 문명에 와서 비로소 신의 통치가 아닌 인간 통치의 시대를 연 것이다.

유럽을 여행하는 많은 사람들이 우선적으로 가는 곳이 아테네의 아끄로뽈리스다. 그러나 아끄로뽈리스에서 건축적 감동을 경험하려면 많은 시간이 필요하다. 이미 아테네는 고대의 도시 아테네가 아니다. 우리가 기억하는 뻬리끌레스 시대의 건축과 도시는 폐허의 유적으로 도시 이곳저곳에 흩어져 있을 뿐이다. 이미 2500년의 세월이 지난 것이다. 2500년이면 문자로 기록된 인류 역사의 반에 해당하는 시간이다.

사진으로만 보던 아끄로뽈리스에 처음 당도했을 때 나는 대리석 암벽 위에 서 있는 폐허의 석조건물군이 마치 해독할 수 없는 상형문자처럼 느껴졌다. 박제된 건축의 유적을 보고 무엇을 느낄 수 있을까. 폐허가 된 역사의 현장에서 우리가 알 수 있는 것이 무엇일까. 문학적 상상과 고고학적 이해말고 건축으로서 무엇을 알 수 있을 것인가. 우리가 찾는 수많은 인류의 유산은 대부분 이미 본래의 모습이 아니고 원래의 역할을 하지 않을 뿐 아니라 주변의 모든 것이 달라진 상태이다. 역사적 건축에 대한 탐험은 현장의 자취와 기록을 통해 접근할 수밖에 없다. 현장의 체험과 기록에 대한 지적 접근으로 본래의 모습에 다가갈 수 있는 것이다. 위대한 역사건축의 실재에 감동하기 위해서는 열린 마음만으로는 부족하다. 뻬리끌레스 시대의 그리스를 아는 것도 중요하지만, 끄리띠 문명과 미께네의 건축과 도시를 알고 그리스의 신과 그들의 법과 제도를 알 때 아끄로뽈리스가 보이기 시작하는 것이다. 많지는 않으나 그런 공부를 한 다음 아끄로뽈리스를 찾았을 때, 순간이었지만 그리스 시대의 아끄로뽈리스를 느낀 것 같았다. 가슴을 울리는 앎을 위해서는 많은 공부가 우선되어야 한다. 예술의 이해에는 창작만한 훈련과 공부가 필요한 것이다.

알렉산드리아 국립도서관 현상설계 당시 자료를 얻기 위해 아테네에 머무른 적이 있다. 밤새 일하다가 새벽녘에 우연히 호텔방의 창을 열었다. 아끄로뽈리스가 바로 정면으로 보였다. 부연 먼동 속에 나난 빠르테논을 바라보면서 전율하였다. 다들 잠든 새벽 아끄로뽈리스로 올라갔다. 그렇게 자주 다녀도 잘 보이지 않던 옛 그리스의 마을이 눈에 들어오고 미께네의 성벽 아래 아띠꾸스 극장과 디오니소스 극장이 폐허의 장막을 걷고 나타났다. 아테나 니께 여신의 신전을 우회한 접근이 쁘로삘라에온을 지나 빠르테논으로 이어지고 왼쪽으로 에렉테이온이 벼랑 위에 새로운 지평을 만들고 있다. 쁘로삘라에온 좌우의 회랑도 그때서야 볼 수 있었다. 그날은 종일 아끄로뽈리스에 있었다. 빠르테논 옆에서 도서관에서 복사한 자료를 읽고 아끄로뽈리스 박물관에서 빠르테논과 에렉테이온의 파편을 맞춰보았다. 마음의 눈으로 아끄로뽈리스를 복원해보았다. 뻬리끌레스의 30년 민주통치의 의식들을 상상하고 아고라와 바다에서 바라보는 신들의 도시를 그려보았다.

연평균 경제성장률 10%가 20년 가까이 계속되면 엄청난 변화가 있게 마련이고 누구나 부분적으로는 기억장치의 마비를 겪게 된다. 지난 30년은 한국 역사상 가장 변화가 컸던 기간이었다. 변화의 소용돌이가 오래 지속되면 누구나 준정신질환 상태에 놓이거나 일종의 문화적 백치상태를 경험하게 된다. 이런 때일수록 우리를 우리에게 뿌리내리게 하는 우리의 아끄로뽈리스가 있어야 한다. 우리의 도시는 대부분 삼국시대부터 있어온 도시와 마을인데 어디에도 역사 공간의 뿌리가 없다.

아끄로뽈리스는 그냥 거기 서 있는 것이 아니라 2500년 전에 세운 신들의 도시와 사람의 도시가 현대도시 속에 원형의 공간을 유지하고 있는 것이다. 주변의 마을도 1000년의 시간을 함께했다. 아테네의 모든 도시구역은 아끄로뽈리스로부터 비롯한다. 아끄로뽈리스는 올림삐아 신전, 아고라, 올림픽 스타디움과 함께 일련의 역사문화적 인프라[3]를 이루고 있다. 20년 전에는 빠르테논만 보였고, 10년 전에는 신전의 도시 아끄로뽈리스만 볼 수 있었으나 지금은 2500년 된 도시 아테네를 조금은 알 듯하다. 옛 도시의 흔적이 400만 현대도시 사이에 원래의 모습으로 각인된 것을 본다.

발굴·복원되어 야외극장으로 쓰이고 있는 아띠꾸스(Atticus) 반원극장과 아끄로뽈리스 언덕 주변의 옛 주거구역을 둘러본다. 아띠꾸스 반원극장은 2세기경에 지은 5000석 규모의 전형적인 로마식 야외극장이다. 발굴·복원한 지 100년밖에 되지 않은 이 고고학적 유적이 아테네 시민의 일상으로 돌아온 것은 2차대전 이후 '극장'이라는 사라진 기능을 되찾으면서부터이다. 아띠꾸스 극장 옆에 기원전 6세기에 그리스인이 세웠다가 기원전 2세기에 로마인이 다시 세운 1만 7000 객석의 대야외극장인 디오니소스(Dionysos) 극장이 있고 건너편 북쪽 구릉에 그리스의 마을이 있다. 마을의 길이 집의 길이 되고 집과 마을이 서로 하나인 그리스의 마을이다. 철학자의 작은 아카데미와 작가

[3] infrastructure / 하부구조. 어떤 것의 기초가 되는 부분으로 도로, 하수도 등 도시의 기간시설을 말한다.

의 아뜰리에가 있는, 바다를 바라보는 산기슭의 그리스 마을이 아직 1000년 전의 모습으로 남아 있다. 싼도리니, 에리체[4], 알제[5] 등에 남아 있는 그리스 마을의 원형이 아끄로뽈리스 가는 길에 있다. 아끄로뽈리스 성벽을 배경으로 야외극장에서 벌어지는 예술의 향연과 근대 건축의 황폐함에 묻혀버린 아테네 시가에서 아끄로뽈리스로 오르는 오솔길의 작은 옛 그리스 마을은 역사의 유적과 오늘의 삶을 하나가 되게 한다. 땅에 묻혔던 극장이 오늘 다시 아테네 시민의 것으로 부활하고 1000년을 이어온 그들의 마을이 바로 신전의 도시 곁에 있는 것이다. 이것이 역사도시의 모습이다.

박물관에 가서 종일 있을 작정이었는데 문을 닫았다. 10년 전의 감동을 나이 들어 다시 새기는 느낌이 어떨까 하였는데 일정에 쫓겨 아쉽게 되었다. 시간이 조금 남아 아끄로뽈리스 건너편 언덕에 앉아 다시 아끄로뽈리스와 그리스의 옛 마을과 엄청난 규모로 커져버린 아테네 시가지를 내려다본다. 멀리 뻬레아스 항과 지중해가 보인다.

역사의 유적은 우리에게 어떤 의미가 있는가. 더욱이 그것이 박물관에 쌓인 것이 아니라 도시에 남아 있는 것일 때는 어떠할까. 지하에 묻힌 옛 도시의 유적은 어떻게 이해할 것인가. 정도 600년이 지난 조선조의 왕도 서울, 1000년 전에 사라진 신라의 고도 경주, 지상에서 사라진 백제의 도시들을 어찌할 것인가. 현대도시의 뿌리인 아테네와 로마의 도시는 역사의 보존과 개발이라는 상반되는 두 입장의 조화를 어떻게 이루고 있는가. 천년도시 시안(西安)과 뻬이징과 쿄오또(京都)는 어떠한가.

이런 화두에 가장 좋은 답이 아테네의 아끄로뽈리스 언덕이다. 아테네야말로 인간이 도시의 척도가 된 최초의 사례였다. 현대도시의

4 Erice / 씨칠리아 섬 서쪽에 있는 이딸리아 도시로 그리스의 식민도시로 발전하기 시작했다.
5 Alger / 알제리의 수도로 지중해에 면하여 있으며 고대 그리스의 식민도시였다.

아끄로뽈리스 언덕 남쪽에 자리잡은 아띠꾸스 극장 전경. 최근에 객석이 복원되어 야외음악당으로 이용되고 있다.

이상은 아테네에서 시작한 것이고 아테네의 도시원리를 극명하게 보여주는 곳이 아끄로뽈리스인 것이다. 아테네가 로마의 지배로 식민도시가 된 후 로마는 아끄로뽈리스의 암벽 아래 아띠꾸스 극장을 세우고 만인의 극장인 디오니소스 극장을 복원하였다. 그리고 2000년의 시간이 흘렀다. 수많은 위기를 겪어 반 폐허가 된 채로나마 아끄로뽈리스는 살아남았고 지하에 묻혔던 아띠꾸스 극장은 2차대전 후 발굴·복원되었다. 빠르테논 신전이 있는 아끄로뽈리스 언덕은 세계적인 인류의 유산이 됐고 아띠꾸스 극장은 아테네 시민들이 사랑하는 야외극장이 되었다. 위대한 신전 옆에 이민족이 세운 극장이지만 아띠꾸스 극장은 아끄로뽈리스를 더욱 아끄로뽈리스답게 만드는 역사의 더함을 통해 폐허로부터 부활한 것이다. 아테네가 아직 인류의 이상도시로 남아 있는 것은 아끄로뽈리스가 아테네 한가운데 있으면서 끊임없이 역사에 참여했기 때문이다.

아끄로뽈리스와 아띠꾸스 극장은 역사유적이 오늘의 도시에서 어떤 역할을 해야 하는지를 2000년의 역사를 통해 보여준다. 아테네 어디에서도 아끄로뽈리스가 보인다. '신전의 도시' 아끄로뽈리스가 주변의 옛 그리스 마을과 아띠꾸스 극장 그리고 '시민의 도시' 아고라를 거쳐 제우스 신전을 지나 올림뽀스 언덕으로 이어지는 역사회랑은 가장 중요한 문화 인프라로서 현대도시 아테네를 2000년의 도시로 확대하고 있는 것이다.

일본인들은 경복궁 정면 한가운데 조선총독부를 세우고 창덕궁과 종묘를 길로 가르고 창경궁에 동물원을, 경희궁에 일본인 학교를 지었다. 옛 조선총독부는 철거되고 창경궁의 금수들은 퇴거되었으나 600년 도시 서울의 중심공간이던 고궁과 종묘와 사직단과 서울을 둘러싸고 있던 성곽은 현대도시 서울의 역사적 잔해로 분해된 채 도시에 방치되어 있다. 아끄로뽈리스와 아띠꾸스 극장같이 역사공간이 서로 이어져 역사가 살아 숨쉬는 문화 인프라를 만들 수 있어야 우리 도시가 최소한의 자기정체성을 회복하는 것이다. 그리스는 우리보다 가난하고 아테네는 서울보다 초라해도 아끄로뽈리스와 아띠꾸스 극장으로 인해 위대한 나라, 위대한 도시가 된다. 요즘 들어 너나없이 외치는 세계화나 삶의 질 향상이라는 과제도 우리 도시의 역사문화 인프라를 회복하는 데서 시작해야 할 것이다.

도처에 택시가 있어서 안심하였는데 이곳이 주말을 철저히 지키는 도시인 것을 깜박 잊었던 것이다. 공항에 도착해서 30분 전에 간신히 체크인을 하고 들어갔으나 한 시간 반 연발이다. 앉을 자리도 없는 탑승객 대기실에서 두 시간을 서서 기다린다. 자정이 되어서야 카이로에 도착한다. 10년 전에는 알렉산드리아로 가기 전에 카이로에서 사흘 묵고 아테네로 갔는데 오늘은 아테네에서 이리로 왔다. 그때 수에즈 운하 건설을 기념하여 지은 영빈관 메리오트 호텔에 묵었는데, 이번에도 같은 호텔이다.

예술의 전당 설계를 끝내고 세계를 향해 일하려고 하던 때다. 40대 초반, 야망과 좌절이 함께하던 시간이었다. 밤에 혼자 메리오트의 테라스를 거닐면서 나의 10년을 생각하고 50대의 나를 꿈꾸었는데, 10년이 지나 그 자리에 다시 서게 되었다. 어느 사이 나의 40대는 나일 강 서쪽 죽은 자의 사막으로 사라진 것이다. 나에게 40대의 삶은 이제 실재하지 않는 허무이다. 실재가 허무로 화하는 것이 삶이 아닌가. 나의 꿈, 나의 실재였던 것은 이제 개인적 기억 이외에 아무것도 아니다. 다시 10년 뒤에 무엇이 되어 이곳에 서게 될 것인가. 10년 전 나일 강변에서 본 성자 같은 노인은 지금 어디서 무엇이 되어 있을까.

아끄로뽈리스를 지나 10년 전 나의 메리오트로 돌아왔다. 옛 궁정식 영빈관이던 3층의 호텔은 퍼블릭 홀로 쓰이고 양쪽에 새로 초고층 타워가 들어섰다. 사람이 거의 없이 장려하던 아이다 홀이 이제는 사람으로 가득하다. 밤새 혼자 거닐던 정원에도 성장한 사람이 넘쳐 흐른다. 밤 열한시가 넘었는데 비집고 다니기가 힘들 정도다. 테라스로 나선다. 중정의 짙은 숲 향기가 밀려온다. 빈 몸으로 테라스에 앉아 나일 강의 열기를 호흡한다.

인간이 인간에게 남기는 역사의 유적은 어떻게 읽어야 하나. 아테네와 카이로의 이 건축유산은 나에게 무엇인가. 인간공동체의 일원으로서의 나의 DNA와 이곳은 무슨 상관이 있을까. 알렉산드리아의 불탄 옛 도서관 자리에 세우려 한 건축과 아끄로뽈리스와 밀양 영남루는 어떤 관계일까. 건축가가 아닌 사람들이 역사적 건축을 통해서 알 수 있는 것은 무엇일까. 필요에 의해 지어졌던 모든 건축이 지금은 그 기능을 잃고 역사의 유적으로만 남았다. 그러나 아끄로뽈리스와 기자의 피라미드로 해서 대부분의 사람들은 역사의 기록을 실재한 것으로 알 수 있고, 그리스와 이집트 문명의 사실에 다가설 수 있다. 건축은 역사적 사실의 가장 강력한 증거인 것이다. 카이로의 밤은 다른 1000년의 시간으로 거슬러 가게 한다. 대륙 내부로부터 5000년 동안 문명을 바다로 향하게 한 나일 강은 오늘도 옛 시간을 거슬러 흐른다. 한밤 강 깊은 곳으로 초고층 건축의 불빛이 시간을 역류하여 흐른다.

빤테온

30만이 넘는 신을 모시던 다신교의 도시 로마의 모든 신들에게 봉헌된 그 시대 최고의 신전으로, 르네쌍스 시대에 피렌쩨의 대성당이 지어질 때까지 세계에서 가장 큰 내부공간을 가진 건축이었다. 인간을 초월한 공간형식을 통해 신과 하나가 되려고 한 고대 로마인의 열망을 담은 국가적 신전이다.

빤테온 들여다보기

로마인들은 그들의 종교적 사상체계를 스스로는 발전시키지 않고 모든 신들을 외부로부터 광범위하게 받아들였다. 빤테온(Pantheon)은 그 모든 신을 위한 로마 최고·최대의 신전이다. 고대 로마의 수많은 신전 중에서 빤테온이 가장 잘 보존되어 있는 것은 비잔띤 제국의 황제 포카스(Phocas)가 빤테온을 교황 보니파체(Boniface) 4세에게 기증하여 이후에 교회로 사용하였기 때문이다. 빤테온은 '모든'이라는 의미의 'pan'과 '신'을 의미하는 'theon'이 합쳐진 말로, 원래 로마의 모든 신에게 봉헌

고대 로마 중심부의 지도. 가운데에 꼴로쎄움과 포로 로마노가 보인다.

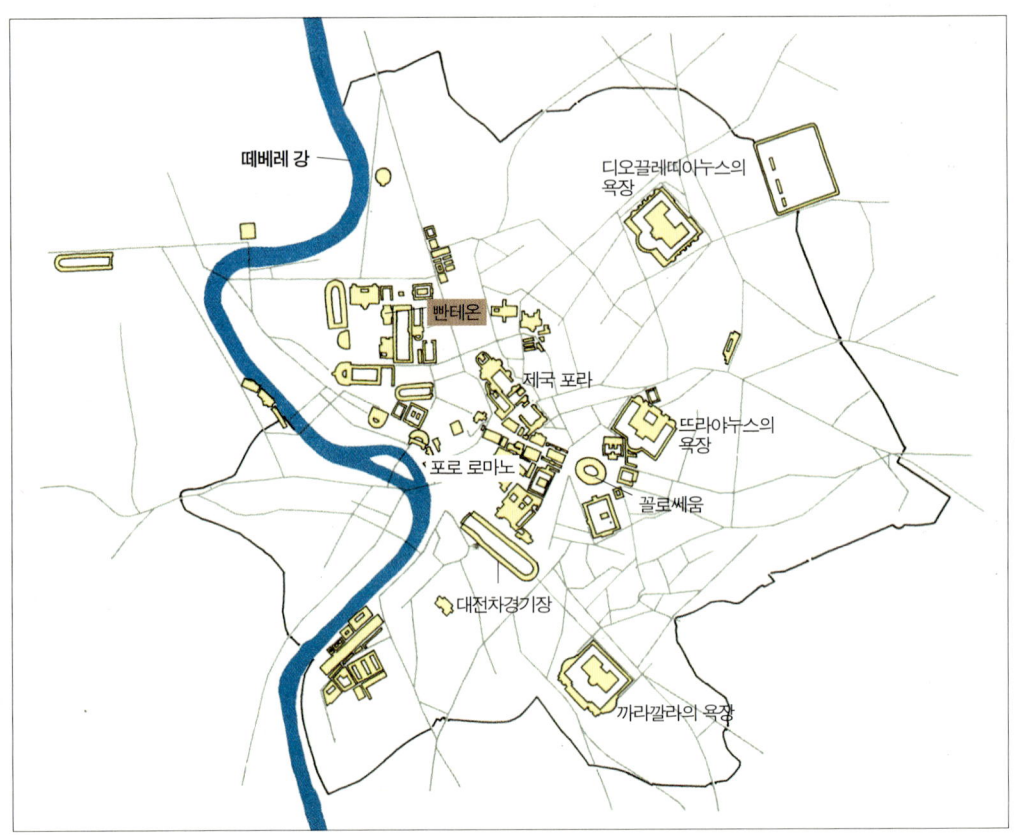

된 신전이다. 최초의 건물은 기원전 27년 로마의 정치가 아그리빠(Agrippa)가 사유지 중앙에 직사각의 형태로 세웠는데 지금의 빤테온과는 반대로 남쪽을 향하고 있었다. 80년에 화재로 손상된 것을 재건했다가 또다른 화재 이후 아드리아누스(Adrianus) 황제에 의해 118년에서 128년까지 새롭게 지어졌다.

새로운 건물은 입구가 북쪽을 향하고 있는데, 현관 부분은 옛 사원이 있었던 장소이고 로뚠다[1]는 앞마당이었던 곳이다. 빤테온은 가장 전형적인 로마의 신전으로, 쁘라에네스떼(Praeneste)의 성소[2]가 외부공간을 적극적으로 다룬 최초의 사원인 데 비해 빤테온은 내부공간을 적극적으로 다룬 최초의 사원이다.

빤테온은 거대한 돔으로 된 로뚠다와 기둥으로 된 커다란 입구현관의 두 주요 부분으로 구성되어 있다. 입구현관은 본래 열주랑으로 된 외부마당의 일부분이었다. 직사각형의 입구공간은 외부와 내부 사이의 전이공간으로 전형적인 로마식 축이 도입되어 이것이 내부에까지 연속되고 있다.

로뚠다 건물의 내부는 원통과 돔의 두 부분으로 되어 있다. 저층부를 구성하고 있는 원통은 외부에서 보면 3개층으로, 내부에서는 2개층으로 되어 있고 상부는 돔이다. 공간 내부는 지름 43.20m의 구를 내접시킬 수 있는데 이 원이 평면과 단면에 적용된 기하학의 기초가 된다. 기하학적 조화에서 최고의 완벽성을 보이는 돔은 서양건축사상 최초이자 최대의 것이다. 이처럼 광대한 공간을 얻는 데 필요한 구조는 두꺼운 벽 속에 숨겨져 있다.

빤테온에서 수평축과 수직축은 성공적으로 통합된다. 수평축은 마당에서 시작하여 출입공간을 가로질러 로뚠다 중심을 통과하는 순간 상부의 트인 구멍을 통해 수직축으로 바뀐다. 수직축은 로뚠다의 중심을 통과하여 하늘에 이른다. 로뚠다 내부에서 수평축은 원형공간의 중앙집중적 효과로 인해 불분명하게 되고 수직축이 중앙집중식 배치의 주 구성요소가 된다. '빤테온은 하늘을 표상한다' 라는 말은 이 건물의 의미를 잘 말해준다. 수직의 성스러운 차원을 수평의 세속적 차원과 통합시키고 있는 로뚠다

[1] rotunda / 천장을 돔으로 한 원형의 건물 또는 홀.
[2] 기원전 2세기 것으로 추정되는 로마 남부의 빨레스뜨리나에서 발굴된 고대 로마의 유적.

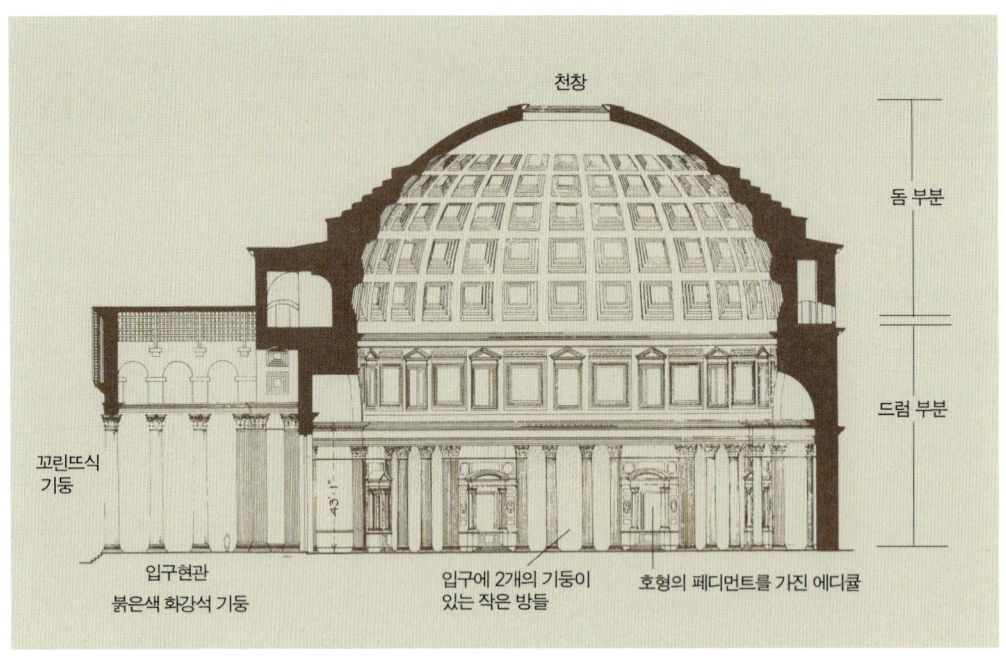

위 / 빤테온의 종단면도. 수평 띠에 의해 원통과 돔 부분으로 나뉜다.
오른쪽 / 빤테온의 평면도. 입구 부분과 원통 그리고 돔의 세 공간으로 나뉜다.

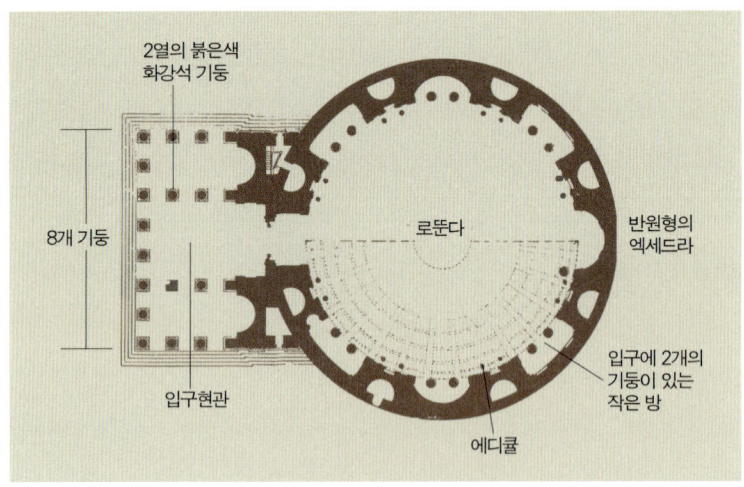

의 내부공간은 하늘에 대한 로마인들의 생각이 추상화된 것이다. 빤테온은 로마인이 가진 염원, 즉 자신을 초월하여 스스로를 신성한 것과 합치시키며 이 공간에 봉헌된 신들과 함께하려는 열망을 담은 공간이다.

    인간적 규모를 넘어선 빤테온은 기술적으로 가장 중요한 신전으로, 15세기까지 아야 쏘피아 이외에는 어느 신전도 감히 도전조차 하지 못하였다. 아그리빠가 세운 최초의 사원은 입구회랑으로 남고 아드리아누스가 세운 로뚠다가 지금 남은 빤테온의 주공간인데, 일단 안에 들어서면 외부를 잊게 된다. 청동으로 만들어진 출입문이 닫히면 중앙의 하늘로 향한 구멍이 유일한 빛이고, 중앙에 서면 사방 모두가 내부공간으로 보존되어 있다. 벽과 바닥의 대리석은 대부분 최근의 것이고 벽의 위쪽은 1747년 다른 디자인으로 바뀌었으며 지붕도 원래의 것이 아니다. 이렇게 표면은 바뀌었으나 빤테온의 기본 구조는 128년에 세워진 모습 그대로이다.

모든 신에게 바쳐진 공간, 빤테온

빤테온을 볼 때마다 당황스럽다. 나보나(Navona) 광장에서 골목을 지나면 난데없이 이 위대한 신전이 나타난다. 인류가 만든 가장 신비로운 공간이 도시 한가운데 그냥 나와 있다. 모든 신을 모시던 신전이 아무도 모시지 않는 공간이 되어 길가에 나와 있는 것이다.

20년 전 처음 로마를 방문했을 때 신전 앞 노천식당에서 미껠란젤로가 '천사의 작품'이라고 평했던, 규모를 알 수 없는 제신의 신전을 어둠 속에서 바라보았다. 다음날 아침에 다시 찾아갔으나 문을 닫아

미껠란젤로가 '천사의 작품'이라고 극찬한 로마 시대 최고·최대의 신전 빤테온. 청동 지붕과 정면 조각은 모두 약탈당했다.

내부공간은 보지 못하고 외부의 형태만 둘러보았다. 외부공간인 피라미드를 보듯 빤테온을 보았다. 조적조의 대건축물은 외부공간으로는 아무것도 말하지 않는다. 로마에는 너무 많은 것이 있어 어느 것도 제대로 보지 못했지만 다른 무엇보다 로마적 공간이라 생각한 빤테온의 내부를 보지 못하였다. 로마에 와서 가장 독창적인 공간을 놓친 것이다. 포로 로마노의 폐허에서 까라깔라(Caracalla) 욕장[3]의 돔을 바라보면서 빤테온을 나름대로 상상하였다. 밖에서 바라본 빤테온은 완강히 닫힌 유적의 모습일 뿐이었다. 그후 로마를 수차례 다니면서도 번번이 빤테온을 보지 못하였다. 그러다가 20년 만에 드디어 그 내부공간을 보게 되었다.

3 로마의 황제 까라깔라가 3세기 초에 로마 시내에 건설한 목욕탕으로, 운동시설, 강의실, 도서관 등이 갖추어진 시민 생활의 중심 공간.

여전히 빤테온 주변은 장바닥이었다. 정장을 하고 제신의 신전으로 들어선다. 장대한 꼬린뜨식 기둥의 입구공간이 원통과 돔의 원형(圓形) 공간으로 열리면서 거대한 입체가 내부공간 형식으로 나타난다. 내부로 공간이 열리면서 외부공간이 스스로의 규모를 되찾는다. 열린 공간과 닫힌 공간의 차이는 이렇게 다르다.

원형의 내부공간으로 들어선다. 문득 수평의 흐름이 수직의 흐름으로 바뀌면서 오직 하늘만인 대공간이 나타난다. 오랫동안 상상하였던 공간이 아니다. 너무 커서 아무것도 느껴지지 않는다. 거대한 입체의 내부공간에서는 규모를 느낄 수 없었다. 지름과 높이가 42.2m인 원형의 지붕 한가운데 하늘을 향해 뚫린 9m 직경의 구멍은 팔을 벌린 크기 정도로만 느껴져 바닥의 빗물받이 구멍이 의외로 느껴진다. 그만큼 지붕이 트인 느낌이 없다. 사실들만 보일 뿐이다.

위대한 건축공간에 서면 전신이 흔들려오는데 이 위대한 공간은 건축사의 문장만 기억나게 할 뿐이었다. 당황스러웠다. 빤테온이 역사적으로만 위대한 건축이어서 감동적이지 않은 것일까. 피라미드와 아크로뽈리스에는 상징적 내부공간만 있다. 아테나 여신을 모신 빠르테논 신전의 아름다움은 외부공간에 있고, 그리스 건축의 위대함은 외부공간의 조소적 아름다움에 있다. 반면 로마의 건축은 내부공간의 건축이고 특히 빤테온은 내부공간으로 존재하는 건축인데 내부로부터 입체가 성립한 건축공간 안에 서서 그 의미를 느끼지 못한다. 빤테온은 모든 신만의 공간인가. 빤테온을 다시 세운 아드리아누스의 별궁[4] 폐허에서도 원형공간의 소리가 가슴을 흔드는데 빤테온은 아무런 소리도 없는 빈 공간일 뿐이다.

로마에 오면 언제나 이렇듯 당황스럽다. 내가 알고 있는 제국의 로마는 역사의 유적으로 비껴 있다. 수천년을 지속한 옛 건축은 대부분 이미 실재의 것이 아니다. 건축이 자리잡은 원래의 도시는 역사 뒤로 사라지고 건물 자체도 파괴되거나 변조되었으며 더구나 본래의 의미와 필요가 사라진 관광유적으로 그 자리에 서 있을 뿐이다. 바띠깐의 성 베드로 사원[5] 같이 아직 본래의 기능을 수행하는 경우도 없지 않으나 빤테온은 철저히 당시의 상황이 아니다. 박물관 유리상자 속의 옛 유물처럼 로마라는 역사박물관에 박제된 채 서 있다. 제신의 신전에서 이미 신은 추방되었다. 원래의 필요와 주변 상황 등 건축의 본래 요소가 대부분 사라진 역사공간에서 우리가 볼 수 있는 것이 무엇일까. 제신의 신전이었던 빤테온에서, 2000년이 지나 모든 것이 사라진 이곳에서 그 수많은 신 가운데 어느 이름 하나 알지 못하는 우리가 무엇을 느낄 수 있겠는가. 포로 로마노에는 옛 도시의 형식이 남아 있어 상상의 캔버스라도 있지만, 장터 한가운데 내부공간만 남아 있는 대규모의 이 원형 공간을 통해 우리가 무엇을 볼 수 있을 것인가. 역사

4 이딸리아 띠볼리에 있는 2세기 초의 로마 주거.
5 브라만떼와 미껠란젤로가 설계한 르네쌍스 건축의 대표작품으로, 전면(파싸드)과 광장은 후에 베르니니가 추가한 것이다.

빤테온의 두 주요 부분인 거대한 돔으로 된 로뚠다와 기둥으로 이루어진 입구 현관이 합쳐진 공간 형상.

빤테온의 거대한 돔 내부. 천장 중앙에 직경 9m의 구멍이 뚫려 있어 여기로 쏟아져들어오는 빛이 장엄한 분위기를 연출한다.

와 도시의 의미와 필요로부터 버려진 위대한 공간은 나에게 아무 말도 하지 않았다.

그리고 석달 뒤 다시 빤테온을 찾았다. 빤테온의 내부공간은 역사의 공간으로 존재할 뿐인가. 우리가 공간체험을 통해 아는 것은 어떤 것인가. 다시 빤테온 안을 걷는다. 이것은 그냥 하나의 세계다. 그야말로 모든 신의 장소다. 아무런 개념도 이미지도 메시지도 없는 빈 장소, 하나의 세계인 것이다. 빤테온은 로마 제국의 빈 공간이었다. 모든 신을 위한 공간은 그야말로 아무것도 말하지 않는 빈 공간이어야 했다. 비어 있음으로 해서 모든 것을 수용할 수 있었던 제신의 공간을 조금은 이해할 듯하다.

로마의 다신교도들은 자기 민족의 종교의식을 준수하면서도 여러 다른 종교의 신앙을 묵인했다. 점령지의 주민들은 조상 전래의 종교를 간직하면서도 정복자들과 동일한 시민의 명예와 혜택을 누릴 수 있었다. 그들의 신앙의 대상은 계속 늘어만 갔고 수호신의 수도 늘어났다. 한때 로마에는 신의 수가 인구의 1/3이 되기까지 하였다. 이같은 종교적 관용은 상호간의 면죄와 종교적 조화까지 가능하게 했다. 각기 독자적인 제사를 지내면서도 비록 신의 이름과 종교의식은 다르지만 자신들이 결국 같은 신을 섬긴다고 생각했다. 성직자들의 이해(利害)와 백성들의 신앙심은 충분히 존중되었다. 로마의 정치가, 철학자 들은 저술과 대화 속에서는 이성을 말하면서도 행동은 법과 관습을 따랐고, 무신론적 감성을 감춘 채 제신을 모신 신전에 출입했다. 제사장은 가장 저명한 원로원 위원 중에서 선출되었으며 최고 제사장은 황제 자신이 겸임했다.

    로마의 통치자들은 거대한 공간 형식을 통해 시민들을 제어하였다. 그들은 공간 속에서 행해지는 의식을 건축적 형태로 창조하였는데, 빤테온은 모든 신을 위한 예배의식이 공간화한 것이다. 둘러싸인 공간은 완결적인 의식의 공간으로서 전후, 좌우, 중심, 축 모두가 같은 가치를 가진 장소이다. 2000년 전에 지은 이 엄청난 대공간은 과연 모든 신의 장소답다. 그들이 감동적 건축공간을 의도한 것은 아니다. 건축을 미술적 관심으로만 접근하는 것은 건축의 부분만을 보게 한다. 건축을 통해 더 많은 것을 볼 수 있어야 한다. 아끄로뽈리스를 보던 기준으로 빤테온을 보아서는 둘 다 알 수 없는 것이다. 빠르테논과 빤테온을 한 기준이 아니라 모든 것을 포함하는 카오스적 논리로 볼 수 있어야 한다.

    다시 바깥으로 나와 멀리 우회하며 빤테온을 바라본다. 고대 로마를 알아야 빤테온을 알 수 있는데, 이미 아는 기억만으로 빤테온을 보려 한 내가 어리석었다. 오늘은 빤테온이 조금씩 보인다. 42.2m의 공간이 소리를 낸다. 일곱 언덕과 떼베레 강 사이에 자리잡은 로마의 옛 도시 속에서 빤테온을 보며, 거의 같은 시기에 지어진 꼴로쎄움과 뜨라야누스(Trajanus)의 시장과 아우구스뚜스의 신전, 까라깔라의 욕장과 빤테온을 함께 연결지어 생각한다. 빨라띠누스 언덕에서 르네쌍스의 도시구역에 선 빤테온을 내려다본다. 로마에는 2500년의 역사가 도시공간 안에 공존하고 있다. 바로 옆 르네쌍스의 걸작인 나보나 광장에서 빤테온으로 이어지는 거리는 100m가 되지 않으나 1500년을 격한 시간의 거리를 아직 우리는 이해하지 못한다. 500년 전 나보나 광장의 외부공간보다 2000년 전 빤테온의 내부공간이 더 생생하게 실재한다. 빤테온과 꼴로쎄움을 다니다가 포로 로마노에 서서 로마의 휴일을 보낸다. 건축 속에서 역사를 읽는 감동만한 것이 있을까. 빤테온을 더 알기 위해서 기번(Edward Gibbon)의 『로마제국쇠망사』를 다시 읽었다. 그러고는 로마 제국만이 만들 수 있었던 공간을 다시 다녀 보았다. 언어형식을 통해 시각형식으로 남은 로마 제국을 들여다본다. 빤테온을 더 알게 되는 날 로마를 더 많이 알게 될 것이다.

이세 신궁

일본의 혼이 담긴 가장 일본적인 건축 이세 신궁. 20년 만에 궁을 다시 짓는 식년천궁 의식에 의해 2000년 동안 원형을 유지하고 있다. 내궁과 외궁으로 구성되어 내궁은 천황가족의 조상신을, 외궁은 식물과 산업의 수호신을 모신다. 이세 신궁은 중국의 건축양식이라고 할 수 있는 곡선을 배제하고 직각의 형태만으로 특유의 양식을 만들어낸 일본 건축의 상징적 공간이다.

이세 신궁 들여다보기

일본의 종교건축으로는 불사와 신사가 있는데, 불사는 불교의 사원이고 신사는 일본 토속종교의 사원이다. 이세(伊勢) 지역의 신궁(神宮)은 일본의 신성함과 국가의 단일성을 과시하기 위해 기원전 1세기경 계획되었다. 미에(三重) 현 이세 시에 여러 건물군으로 조성돼 있는 이세 신궁은 신사건축 중에서도 가장 오래된 정통형식으로 신메이 즈꾸리(神明造)[1]의 대표적 건축물이다. 신궁은 천황가족의 조상신을 모시는 내궁과 식물·산업의 수호신을 모시는 외궁으로 구성된다.

1 신사 건축 양식의 하나

그 옛날의 목조건물이 지금까지 전해질 수 있는 것은 식년천궁(式年遷宮)의 전통 덕분인데, 이는 일정 기간이 지나면 건물을 다시 짓고 신을 옮기는 의식을 말한다. 이세 신궁의 경우 20년마다 천궁을 했는데 천궁을 할 때는 이전 건물을 해체하고 그 터

이세가 있는 쿄오또와 오오사까 지역은 일본의 옛 도시들이 모인 곳으로 지금의 쿄오또와 나라인 헤이안꾜오(平安京), 헤이죠오꾜오(平城京) 등은 중국 창안(長安)의 도성계획을 적용하였다. 호오류우지(法隆寺) 같은 대규모의 불사와 귀족들의 저택이 남아 있다.

98 제2부 신의 공간

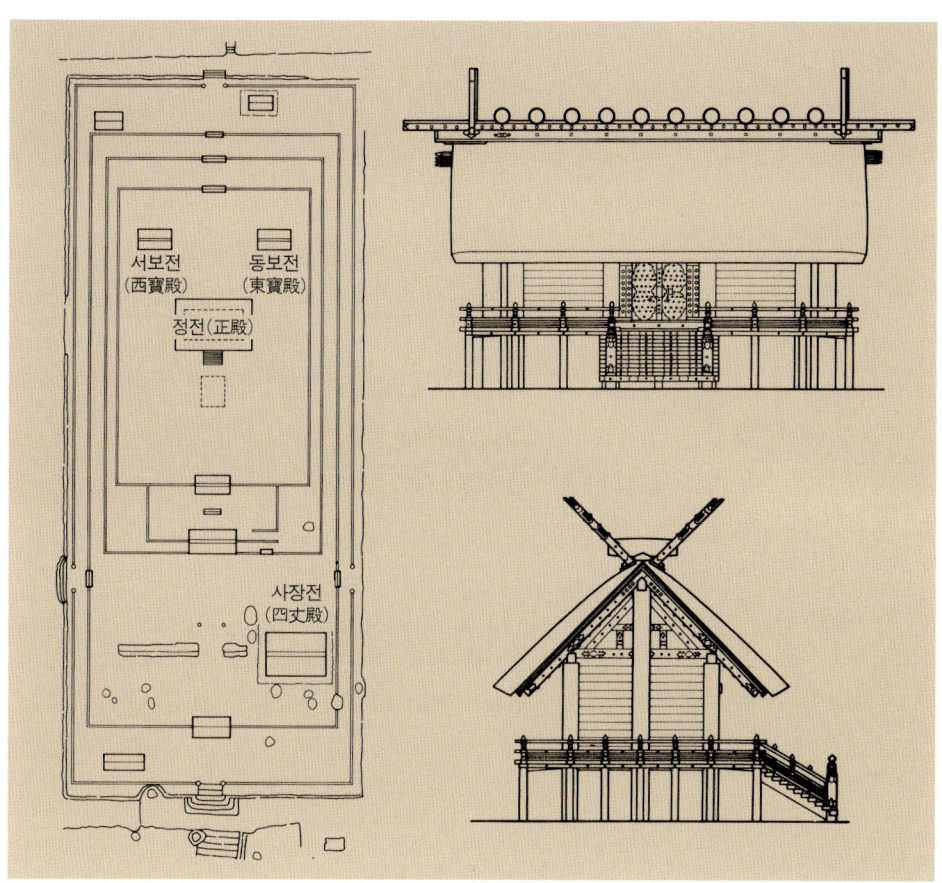

이세 신궁의 평면도와 정전의 입면도.

를 남겨둔다. 현재까지 식년천궁을 하는 신사는 이세 신궁뿐이며 61번째 천궁이 1993년에 있었다.

내외궁의 여러 건물 중 가장 중요한 공간은 내궁의 정전(正殿)이다. 정전은 중앙 홀에 중심을 두고 있는데, 이 중앙홀은 네 겹의 울타리로 둘러싸여 있다. 정전은 내부 기둥이 목재이고 박공(牔栱)지붕[2]으로 되어 있으며 입구는 측면에 있다. 남쪽 면에는 돌출한 주랑현관이 있고 지붕 용마루[3]를 두 개의 기둥이 지지한다. 벽은 판벽(板壁)이며 박공의 지붕은 띠로 이었고 용마루 위에는 카쯔오기(鰹木)라는 열 개의 통

[2] 건물의 모서리에 추녀가 없고 벽이 용마루까지 삼각형으로 되어 올라간 지붕. 맞배지붕.
[3] 지붕의 중앙에 있는 수평마루.

이세 신궁 99

4 서까래 상단을 용마루 밖으로 길게 돌출시킨 것.

나무를 얹었다. 용마루 양 끝에는 찌기(千木)[4]가 지붕을 뚫고 뻗어나와 있는데 그 끝 부분이 갈라져 있다.

　　이세 신궁은 후기 중국 건축양식의 특징인 곡선을 배제하고 직각의 형태만을 가지고 일본의 힘과 특유의 건축양식을 보여주는 일본의 상징적 건축이다.

일본 조형의지의 형이상학, 이세 신궁

　일본은 가깝고도 먼 나라가 아니라 가깝고도 모르는 나라다. 우리 지식인 중에 자신의 정신을 일본에 점령당하고 있는 사람이 많고 더 많은 사람들은 일본을 모르고 산다. 일본을 모르면 많은 것을 잃고 사는 셈이다. 어쨌거나 일본은 가장 가까이 있는 나라이고 일본인 가운데는 한국인의 유전인자를 상당 부분 지닌 사람이 의외로 많다. 그러나 일본 땅, 일본 사회에 살면 누구나 일본 사람이 된다. 무엇이 그들을 그렇게 만드는가. 일본인들은 우리와 다르다. 그들은 일본 공동체의 일원으로 존재한다. 일본의 건축가들에게 일본적 공동체를 상징하는 건물이 무엇이냐고 물으면 대부분이 '이세 신궁'을 말한다. 이세 신궁은 일본 사람을 일본 공동체의 일원으로 느끼게 하는 그들의 상징공간이다.

　새벽 6시 엉뚱한 벨소리에 잠이 깨었다. 아직 어두운 도시 위로 빗소리가 들린다. 카이로에서 어젯밤 도착해서 바로 잠이 들었으므로 다시 잘 수도 없고 그냥 깨어 있을 수도 없다. 이제 시차를 어쩔 수 없는 나이가 되었다. 밤 열한시에 잠자리에 들어서 두시 반에 잠이 깨 책을 읽다가 네시 반에 간신히 잠이 들었는데 컴퓨터 실수로 울린 벨 때문에 다시 일어나 앉았다. 컴퓨터가 실수하면 대책이 없다.

　일본에 오면 편안하다. 어렸을 때 밀양을 떠나 부산으로 온 후 내내 일본식 집에 살았기 때문인 듯하다. 일본풍의 삶에 익숙해 있어 한국 문학전집보다 일본문학전집을 먼저 읽었다. 유학생이었던 아버지의 영향을 받기도 했으나 당시의 부산 분위기가 일본풍이었다. 한국 텔레비전이 나오기 전에 일본 텔레비전을 십년 가까이 보면서 살았고, 건축을 하면서 처음 받은 책도 일본 건축책들이다. 부산 집에는 밀양 할아버지댁과 달리 일본 골동과 서화가 더 많았다. 고등학교에 들어와 본격적으로 한문을 배우고 우리 역사를 공부하면서 일본을 잊었다. 위당 정인보 선생의 『조선사연구』를 읽고 한국학을 공부할 생각을 했다. 타니자끼 준이찌로오(谷崎潤一郎)나 카와바따 야스나리(川端康成)에 심취하기는 하였으나 더 큰 세계문학으로 곧 자리를 바꾸었다.

  92년 토오꾜오 포룸과 나라 컨벤션쎈터를 설계하면서 일본을 다시 공부할 생각을 했었다. 78년 처음 쿄오또에 갔을 때 고등학교 시절에 읽은 일본 소설들을 생각하며 적잖은 문명적 갈등을 겪었다. 일본은 들여다보면 빠져들고 등을 돌리면 잊는다. 일본의 영향이 싫어서 10년 전 바쇼오(芭蕉)의 하이꾸[5]를 읽으면서 다시 다가온 일본을 의식적으로 멀리하였다. 그러나 작년에 일본의 대표적인 건축가 이소자끼 아라따(磯崎新) 선생의 초대로 선생의 별장을 찾았을 때, 적극적으로 한국, 특히 백제를 많이 공부한 선생에 비해 내가 아는 일본은 정작 상식적 수준이어서 적이 당황했었다. 일본을 의식적으로 알지 않으려고 하는 것도 정말 문제다.

  이세 신궁을 연구해보려고 한 것은 이세 신궁이 갖는 의미의 당연한 몫이기도 하지만 작은 개인적 욕심도 있었다. 이 기회에 일본 건축과 정면에서 부딪쳐보자. 이소자끼 선생이나 안도오 타다오[6] 씨를 곁

---

5 俳句 / 5·7·5의 3구(句) 17음(音)으로 된 일본 특유의 단시.
6 安東忠雄 / 일본의 가장 일본적인 건축가로 96년 프리츠커 상을 받았다.

으로만 볼 것이 아니라 마음을 열고 일본의 전통건축과 현대건축을 제대로 공부해보자는 것이었다. 그런데 부질없이 바쁜 일상에 밀려 아직 이세 신궁에 대해 제대로 공부도 하지 못한 채 오늘 그곳에 가게 되었다. 내가 아는 것은 플레처(Banister Fletcher)의 『건축사』[7]와 일본 건축사의 내용뿐이다. 이래서는 기본적인 예도 갖추지 못하고 이세 신궁을 찾는 것이다. 글과 도면과 사진만으로 안다고 생각하는 상식적인 수준의 지식으로 일본 건축의 정수를 대면하는 셈이 된 것이다. 건축가로서 직접 보고 느끼는 일이므로 본격적 연구보다 작가로서의 격물치지(格物致知)에 더 뜻을 둘 수도 있으나 공부가 부족한 것은 여전히 예가 아니다.

일본에 올 때마다 느끼는 일이지만 이제는 서서히 내적으로 성숙해

7 1896년 영국의 건축가 배니스터 플레처 교수와 그 아들이 기본적인 분류체계를 갖추어 발행한 건축사 책.

헤이세이 5년 식년천궁을 끝낸 내궁 정전. 위의 옛 정전은 헐리고 20년 뒤에 그 자리에 다시 새 신궁을 짓는다.

이세 신궁 103

가는 모습이 보인다. 도시 도처가 영글어 있다. 칸사이(關西) 공항에는 이미 유럽을 두려워하지 않는 자신감이 보인다. 외래 모방의 단계에서 외래문명의 자연스러운 자기화 단계에 들어서 있는 것이다.

기차를 타고 비 내리는 일본 열도를 달린다. 기찻길이 마을에 바짝 붙어 있다. 벌판이 푸르름으로 가득하다. 어느 곳 하나 빈 곳이 없다. 비가 내리는 이세 시에 도착해서 신궁으로 간다. 내궁의 2000년 기념 현수막이 보인다. 기원전 4년에 이곳에 자리잡았으니 올해가 2000년이 되는 해이다.

연간 650만이 찾는 이세 신궁의 신전은 20년마다 인접지에 다시 지어 옮긴다. 서기 690년에 처음으로 시행된 후 전국시대에 120년간 일시 중단되었다가 이후 계속 이어져오고 있다. 2000년의 역사와 8만 신사의 중심으로서 100명이 넘는 신관이 연간 수천 회의 제례를 치르는 이세 신궁은 헤이세이(平成) 5년(1993) 10월, 61번째의 식년천궁을 하였다. 식년천궁을 20년마다 하는 것은 인간 생명의 단계를 20년, 40년, 60년의 환력으로 구분짓는 데서 비롯한다.

61회 식년천궁의 내용을 보면, 쇼오와(昭和) 60년(1985) 5월 1일 산에 제사지내고 천궁을 위한 목재를 채벌한 후, 벤 나무를 위해 당일에 또 제사를 지내고 한달 뒤 나무를 옮겼다. 이세에 나무가 오는 날부터 나무를 다루기 시작해서 스물일곱 차례의 제사와 작업 끝에 천궁을 단행했다. 약 8년에 걸친 식년천궁의 대사가 끝난 것이다.

이세 신궁의 궁역은 약 5500ha로 이세 시의 1/3이고 토오꾜오 도 중심부 세따까야(世田谷) 구 전체 크기이며 코오시엔(甲子園) 구장의 1200배가 넘는다. 메이지 시대 때부터 국가가 관리하였고 타이쇼오(大正) 시대에 신궁산림 200년 계획을 세웠다. 천궁의 용재를 에도(江

정전 정면의 토리이(鳥居, 성역을 상징하는 문) 앞에서 제례 의식을 행하는 신관들.

戶) 중기부터 키소(木曾)의 고소마(御杣) 산 회나무로 하여 매년 봄 신궁 직원이 강 상류에 200년, 300년 후에 쓸 나무를 심는다. 2000년을 지속하여온 일의 200년 후 일까지 오늘 하고 있는 셈이다. 그들은 모두 오늘과 같은 상태의 신궁이 2000년 전에도 있었고 2000년 후에도 있을 것이라고 생각한다. 200년 후에 할 식년천궁을 위한 식목을 지난 봄에 끝낸 그들이다. 일본인들은 이렇게 산다. 200년 후를 위한 구체적인 일을 생각조차 해보지 않은 우리가 그들과 함께 살아야 한다. 그들의 자로 우리를 볼 것은 아니어도 그들로부터 배울 것은 배워야 한다.

 역에서 멀지 않은 외궁으로 먼저 간다. 입구에서부터 분위기가 다르다. 2000년 가까이 성역으로 보호되어온 장소다. 1000년 된 나무들이 하늘을 찌를 듯 서 있다. 녹음이 가득한 자갈길을 지나 정갈한 숲

이세 신궁 105

이세 신궁의 정전.

길을 걷는다. 다리를 지날 때마다 다른 단계의 세계로 접어든다. 입구의 재궁(齋宮)에서 의식을 위한 준비가 진행중이다. 재궁부터는 신성한 공간이다. 이세 신궁은 국가적 장소이므로 더욱 엄격한 의례의 절차가 뒤따른다. 외궁 본전으로 간다. 정전은 네 겹의 울타리로 완벽히 둘어되어 있다. 이 세상의 것이 아닌 듯한 성단 같은 모습이다. 자연의 상태를 떠나 특수하게 정제된 나무들이 절제된 법도에 따라 결구

(結構)되어 나타난다. 물상을 초월한 가공의 질서형식을 보여주는 신사의 목가구[8]를 보면서 항상 남을 의식하고 사는 일본인의 일상을 생각하였다. 이들에게 삶은 의식의 과정이다. 실재에 의해 비실재를 존재하게 하는 공간형식의 극치를 보았다. 이런 건축은 어느 민족도 만들지도, 시도하지도 않는다.

신사 건축은 대부분의 구역이 철저히 통제되어 담 밖에서 안을 들여다보는 정도만 공개된다. 밖에서의 촬영 역시 금지된다. 바띠깐의 성 베드로 성당 내부와 피라미드 안에서까지 카메라를 들이대던 일본인들이 자기들의 장소에서는 아무것도 못 찍게 한다.

외궁을 나와 차를 타고 내궁으로 간다. 이세 신궁의 모든 공간 중

8 木架構 / 목구조에서 목재가 결구되는 법식과 사용된 부재의 총칭.

신궁 바깥에서 바라본 내궁 정전. 지붕을 뚫고 뻗어나온 찌기와 금박으로 마감한 열 개의 통나무인 카쯔오기가 주위의 삼나무 숲과 신비한 조화를 이룬다.

가장 중요하다는 내궁의 본전으로 향한다. 빗발이 거칠어진다. 네 겹으로 둘러싸인 중앙홀은 멀리 지붕만 보인다. 본전의 지붕을 뚫고 나온 찌기와 열 개의 통나무를 얹어 만든 카쯔오기의 황금빛이 빗발 사이로 선명하다. 대단한 사람들이다. 흰 옷을 입은 제관들의 무표정한 얼굴이 마치 이 세상과 저 세상 사이에 선 사람들같이 느껴진다. 빗속에서도 참배객이 끊이지 않는다. 지성이다. 내궁 주위의 작은 별궁들을 둘러본다. 건물 하나하나의 긴장이 전체로 어울리어 큰 질서의 하나가 된다. 완벽한 조화이며 완전한 인공의 세계다.

보름 여행의 마지막 일정인데다 시차에 약간의 식중독까지 겹쳐 몹시 힘들다. 그래도 차 타고 기차 타고 여기까지 왔다. 일본 혼의 단면을 잠시 본 듯하다. 무엇보다 마음을 열고 일본을 공부하는 계기가 될 만큼 이세 신궁은 대단하였다. 거역할 수 없는 무엇을 느끼게 한다. 일본을 알아야 한다. 역사상 한 민족이 다른 민족을 이렇게 2000년 동안이나 괴롭히기만 한 예가 없다. 문무대왕의 유언을 읽으면 임진왜란 같은 일본의 야욕이 이미 삼국시대부터 있어온 것을 알 수 있다. 그들은 우리에게 배웠으나 우리는 그들로부터 배우지 못하였다. 배울 수 있고 받을 수 있는 자가 결국 더 가지게 되는 것이다.

일본인들은 정월 초하루 새해가 열리면 먼저 신사로 몰려가 소원을 빈다. 메이지 신궁에는 정초 300만 명 이상의 참배객이 몰려든다. 이세 신궁은 모든 신사의 중심으로 천황이 직접 참예한다. 이세 신궁의 건축형식을 깊이 알면 이해할 수 없는 일본인의 본심을 알 수 있고, 일본 문화의 진면목을 좀더 알게 될 것이다.

성묘 교회

예수의 죽음과 부활이라는 인류 역사상 가장 의미있는 사건의 현장 골고타 언덕에 세워진 성묘 교회. 예수가 십자가에 못박힌 칼바리의 돌과 예수무덤이 있는 곳에 끈스딴띠누스 황제가 세운 기독교의 가장 신성한 공간이다. 이슬람 세력에 점령되었다가 십자군 전쟁 때 되찾았으나 그후 지진과 화재로 상당 부분이 파괴된 채 아랍의 시장과 모스크에 둘러싸여 있다.

성묘 교회 들여다보기

예루살렘의 북서쪽 기독교 지구에 위치한 성묘 교회는 꼰스딴띠누스(Constantinus) 황제와 그의 모후가 예수의 부활을 기리기 위해 건립하였다. 황제는 예루살렘의 주교에게 이 교회가 세계 어느 교회보다 더 아름답게 되기를 바란다고 공한을 보냈다. 당시, 그에 의한 밀라노 칙령으로 기독교가 국교로 공인되었으며(313년), 사도들의 서한을 모은 신약성서와 유태교의 경전인 구약이 함께 기독교의 경전이 되었다.

아뜨리움·바질리까·중정·로뚠다의 네 공간으로 구성되어 있는 성묘 교회는 남쪽

예루살렘의 구시가. 회교, 기독교, 유태교, 아르메니아교 세력이 각각의 자리를 차지하고 자신들의 성지를 지키고 있다.

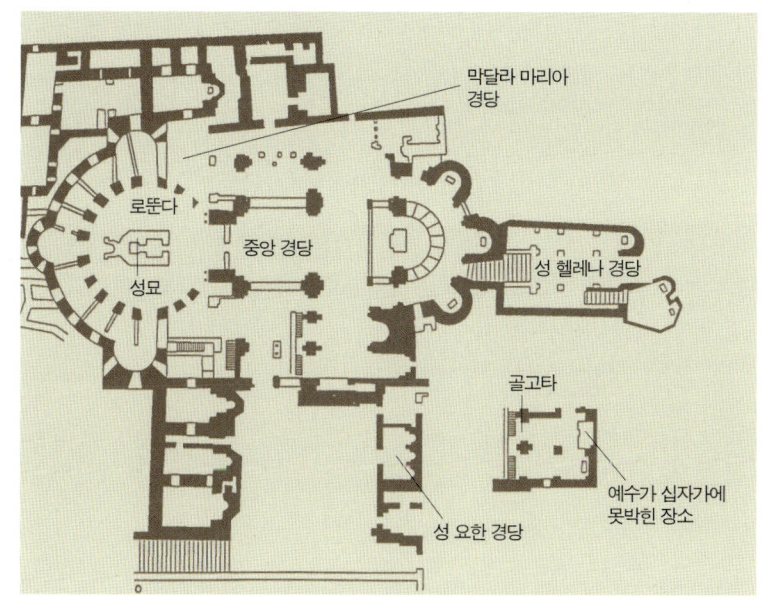

성묘 교회의 평면도.

으로 아드리아누스(Adrianus) 광장에 면해 있다. 335년에 헌당되었으나 옆의 언덕 공사로 인해 348년에 완성되었다. 그후 페르시아인에 의해 불탄(614년) 것을 638년 이슬람 세력에 넘어간 후 1042년에 재건하였다. 1099년, 십자군에 의해 중정에 로마네스끄식 교회가 세워져 로뚠다와 연결되고, 후에 종탑이 더해졌다. 1808년 지진과 화재로 상당 부분이 다시 파괴되었고, 1959년에 가톨릭교, 그리스정교와 아르메니아교의 협정으로 재건되어 오늘에 이르고 있다. 성묘 교회에는 가장 신성시되는 두 개의 지점이 있는데, 예수가 십자가에 못박힌 곳인 칼바리의 돌이 놓인 장소와 뒤쪽의 로뚠다로 덮여진 성묘(聖墓)이다. 두 장소는 예배행렬이라는 의식적 기능에 의하여 서로 관련된다.

기독교 건축에서 장축형 평면[1]과 중앙집중형 평면[2]의 통합은 상당한 역사와 의미를 가진다. 여러 세기에 걸쳐 기독교 건축은 직선적 평면과 원형적 평면을 통합시키려고 했는데 성묘 교회가 이러한 통합의 첫 예이며, 돔 형식의 완전한 종합은 2세기

1 바질리까에서 발전된 형태로 의식은 입구의 반대쪽에서 행해지며 입장하는 과정이 중요시되어 직선축이 강조된다.
2 로뚠다 형태로 회랑을 가진다. 의식은 대부분 중앙에서 이루어지며 입구의 반대쪽에 제단이 위치하기도 한다.

이후에 지어진 끈스딴띠노뽈리스의 아야 쏘피아(Aya Sofya)에서 이루어진다. 그후 이 두 형식은 독자적으로 발전하여 직선축에 의한 교회는 서로마제국에서, 중앙집중적 원형의 교회형태는 동로마제국에서 발전된다.

성묘 교회의 경우, 예수가 묻힌 장소에 원형 돔의 로뚠다를 두고 로마 건축의 대표적 양식인 바질리까를 옆에 두어 성지 순례자들에게 필요한 예배의 공간을 제공하고 있다. 그후 이와같은 형태의 바질리까식 교회들이 4~5세기에 걸쳐 출현한다.

축복과 성령의 공간,
성묘 교회

계단으로 이어진 상가를 지나간다. 마침 신발가게가 있다. 구두가 물에 젖어 발바닥에 물집이 생기고 발등에는 상처가 나 고생했는데 작은 구원을 얻었다. 예수가 십자가를 지고 인류를 구원하기 위하여 걸었던 비탄의 길, 비아 돌로로사(Via Dolorosa)에서 편한 신발을 갈아 신고 잠시 좋아한다.

기독교 지구 장바닥 한가운데 예수무덤 교회가 있다. 꼰스딴띠누스 황제와 그의 어머니 성 헬레나가 예수의 부활을 기념하여 골고타 언덕 위에 비너스 신전을 부수고 지은 1500년 된 교회로, 지금은 그리스 정교회를 비롯해 일곱 교단이 공유하고 있다. 한 하느님 아래 많기도 많은 교단이 있고 더구나 예수가 최후를 맞은 장소에 세운 교회는 갈갈이 나뉘어 장터 한가운데 상가에 갇혀 있다. 신전에서 장사치를 쫓아내던 예수의 처형장에 세운 교회가 한도 없이 많은 아랍의 상점으로 뒤덮여 있다. 입구가 붙어 있는 반석 위의 돔은 담으로 둘러싸여 통제되고 있으나 사방이 열린 성묘 교회의 입구 광장에는 모스크의 담과 첨탑이 정면에 함께 있다.

앞마당으로 들어서는 순간 범상치 않은 건축공간을 직감한다. 비례가 다르고 형상의 열림이 다르다. 아무나 알 수 없는 큰 깊이를 가진 건축 같다. 안으로 들어선다. 입구에 예수의 시신을 내린 바위가 있고 왼쪽에 그의 무덤이었던 공간이 있다. 내부공간은 1500년 동안 수없이 바뀌어왔으나 기본공간의 결구는 남아 있다. 덧지은 부분이 기본공간의 아름다운 질서를 많이 부수고 있긴 하지만, 여전히 깨달음과 헌신의 공간다운 적막한 질서가 도처에 소박함과 장려함을 보이고 있다. 무덤 위의 꾸뽈라[3] 와 중앙 회랑 및 좌우 회랑의 공간전이는 말할 수 없이 유려하고, 꾸뽈라 맞은편 두 단으로 이어지는 지하공간은 성묘 교회의 상징형식과 공간형식을 지하의 자연 질서와 연결하고 있다. 지상의 교회와 지하의 무덤이 아름답게 조화되고, 돌로 쌓아 만든 공간과 돌을 파고 만든 공간이 한 내부공간으로 이어진다. 자연의 변형이 건축공간이 된, 많은 연구가 필요한 건축공간이다. 건축은 역사적 사건을 스스로의 것으로 만들 수 있어야 한다. 성묘 교회에는 역사적 사건과 자연과 인간이 하나가 되어 있다. 큰 욕심은 큰 절제를 요구한다. 역사적 사건의 장소를 파고 파낸 돌로 집을 짓는, 자연의 변형을 통해 신성한 의미의 공간으로 만들었다. 성묘 교회 속에서 자연과 친화하는 21세기 건축의 지혜를 배울 수 있어야 한다.

숙소를 YMCA로 옮긴다. 작지만 정갈한 호텔이다. 언제부터인지 샤워를 못 하면 종일 찌뿌드드하다. 한달에 한번 목욕하고 자란 사람이 딴 세상 사람이 되었다. 우리 모두가 그렇다. 10년 전만 해도 차가 있는 사람이 많지 않았는데 이제 차 없는 사람은 철학자다. 그러나저러나 샤워를 하니 살 것 같다. 레바논 식당에 가서 점심을 먹기로 한다. 각종 야채요리와 지갑같이 생긴 빵이 나온다. 지갑빵 속에 야채요리와 드레싱을 가득 넣어 먹는다. 15년 만에 중동요리를 다시 즐겁게 먹는다. 여행중에 그곳 고유의 요리에 도전해보는 것은 풍물에 대한 멋진 접근이다. 음식에도 문화가 배어 있고 역사가 쌓여 있다. 처음 대

3 cupola / 돔 지붕.

십자군이 유럽의 역사를 기울여 되찾으려 했던 기독교의 중심 성전인 성묘 교회. 순례자의 발길이 연중 끊이지 않는다.

하는 어색한 향도 마음을 열고 받으면 어렵지 않다. 지갑빵과 야채요리는 기본으로 주는 것이다. 양고기 석쇠구이를 배불리 먹는다.

성묘 교회를 다시 찾는다. 무엇이 세계 도처의 사람들을 이곳으로 오게 하는가. 그들은 위대한 건축을 찾아 여기에 오는 것이 아니다. 이곳이 골고타 언덕이기 때문이다. 위대한 건축은 위대한 역사적 사실과 함께한다. 롱샹[4]과 구겐하임[5]이 순례자의 공간, 20세기 미술 형식의 3차원 공간인 것처럼, 성묘 교회는 기독교 역사의 큰 사건을 담는 역사적 공간이다.

구조적 완전성 면에서만 보면 아마도 대부분의 건물이 높은 점수를 받을 것이다. 조선총독부 건물 역시 그냥 두면 1000년 후에도 남는다. 1000년을 살아남은 건축은 1000년의 역사가 함께하려 했던 건축들이다. 바띠깐[6]을 짓기 위해 빤테온의 지붕을 다 뜯어가면서도 건물을 헐지는 않는 것이 역사적 건축의 한 모습이다. 성묘 교회는 장사꾼들의 마을 한가운데, 이교도의 모스크 옆에 밀리듯 서서 1500년 동안 기도와 염원의 이름으로 갖은 훼손을 받으면서도 본래의 의미공간을 유지하고 있다. 역사에 남은 건축은 역사적 사실의 공간이고 도시의 상징적 장소이며 구조적응력과 훼손을 스스로의 것으로 감당해낼 수 있는 완전한 공간이었다.

사람이 너무 많다. 새벽에 다시 와야겠다. 아무도 없고 어둠에 가려 잘 보이지 않을 때 혼자 더듬으며 이 위대한 공간을 탐험하고 싶다. 예루살렘이 축복의 도시, 성령의 도시인 것을 도처에서 느낀다. 더 다니고 싶으나 이럴 때일수록 감동을 자제할 수 있어야 제대로 볼 수 있다. 일단 호텔로 돌아가 쉬기로 한다. 아무 생각 없이 쉬고 나서 성 안으로 다시 오기로 한다.

4 롱샹(Longshamp) 성당. 현대건축의 거장인 프랑스 건축가 르 꼬르뷔지에의 대표 작품.
5 뉴욕의 구겐하임(Guggenheim) 미술관.
6 바띠깐에 있는 성 베드로 성당과 광장.

새벽에 일찍 깨어 다시 성묘 교회로 왔다. 이제 아무도 없다. 혼자 다닌다. 예루살렘에 서면 누구나 이곳이 특별한 곳이라는 느낌을 갖는다. 200년을 지속한 십자군전쟁의 목적이 예루살렘의 탈환이었고, 그중 핵심이 예수의 죽음과 부활이 있었던 골고타 언덕의 성묘 교회였다. 그러나 예루살렘에 서면 당황스럽다. 십자군이 유럽의 역사를 기울여 되찾으려 했던 기독교의 중심 성전인 성묘 교회는 도시 가운데 묻혀 있고 도처에 있는 유태왕국의 유적과 이슬람의 신전이 먼저 다가온다. 기독교의 가장 위대한 장소는 예루살렘에서도 장터 뒤에 밀려 있는 것이다.

예수의 시신을 뉘었던 바위.

이슬람교도에 의해 파괴되었다가 십자군이 예루살렘을 탈환하면서 원래의 공간형식으로 복원된 성묘 교회는 입구 오른쪽이 골고타 언덕이고, 정면이 십자가에서 내린 예수의 시신을 누인 반석이며, 왼쪽이 부활의 현장인 예수의 무덤이다. 십자가가 섰던 사각의 공간과 무덤 위 원형 돔이 중심회랑을 지나 지하성소로 이어지는 건축형식은 종교의식과 신학적 내용의 합일을 암시한다. 그리스도의 죽음과 부활이라는 인류 역사의 가장 큰 사건이 아름다운 건축공간으로 형상화되어 있는 것이다.

　반 이상이 도시공간으로 사라지고 도시로부터의 접근로가 장터로 차단되었어도 성묘 교회 안에 들어서면 누구나 역사의 무게가 실린 위대한 건축혼을 느끼게 된다. 수많은 변화를 겪었으나 위대한 공간의 실체는 남아 있기 때문이다. 초기 기독교 교회형식인 대공간과 문명의 상징형식인 둥근 천장이 암반을 파고 만든 지하성소와 하나가 되어 있는 성묘 교회는 로뚠다와 지하성소에 이르는 공간의 전이로 종교의식과 공간미학의 조화로운 만남을 보여준다. 2000년 동안 기독교의 교회들이 미술형식으로 표현한 신학적 내용을 공간형식으로 예언하고 있는 것이다. 위대한 건축은 시대를 초월하여 역사를 증언하고 이를 영원한 장소로 만든다.

　밤하늘에서 내려다보는 서울은 온통 붉은 십자가다. 우리의 교회는 도시에 너무 많은 말을 하고 있는 것이다. 성령의 도시 예루살렘에도 이렇듯 많은 교회가 도시를 잠식하고 있지는 않다. 종교공간은 도시의 심장일지라도 도시와 자연스러운 하나가 되어야 한다. 성묘 교회는 예루살렘이 그의 공간을 부수고 이교도의 사원이 침범해 와도 자기 고유의 공간을 스스로에 내재함으로써 그리스도의 메시지를 전하고 있다.

　모든 건축의 역사가 이룬 것보다 더 본질적으로 내용과 형식의 깊은 상관을 말하고 있는 성묘 교회는 물상적 사실을 넘어선 진실이 만든 건축공간의 위대한 형상언어이며 마음을 연 사람만이 알 수 있는 역사의 언어적 공간이다.

아야 쏘피아

로마가 제국의 수도를 꼰스딴띠노뽈리스로 옮기면서 새 수도의 상징으로 만든 아야 쏘피아는 천년 비잔띤 문명의 대표적인 건축이다. 이슬람에 정복된 이후에도 파괴되지 않고 수많은 이슬람 신전의 모델이 되었다. 흘러넘치는 빛 위에 놓인 돔의 내부공간은 이전 어느 건축에도 없던 빛의 미학을 성취하였다.

아야 쏘피아 들여다보기

아야 쏘피아(Aya Sofya)는 그리스 신학의 논리와 로마의 웅대한 스케일, 중동의 건축 기술, 동로마제국의 신비주의가 하나 된 위대한 기념물로 고대의 지혜를 집대성하여 기독교 신앙의 위대한 승리를 문명적으로 표출한 비잔띤 미술 최고의 걸작이다. 유스띠니아누스(Justinianus) 황제가 세운 이 건물은 532년에서 537년까지 5년 동안 지어졌다.

세 개의 문으로 된 정문을 통과하면 바깥쪽 회랑으로 들어가게 되어 있고 여기를

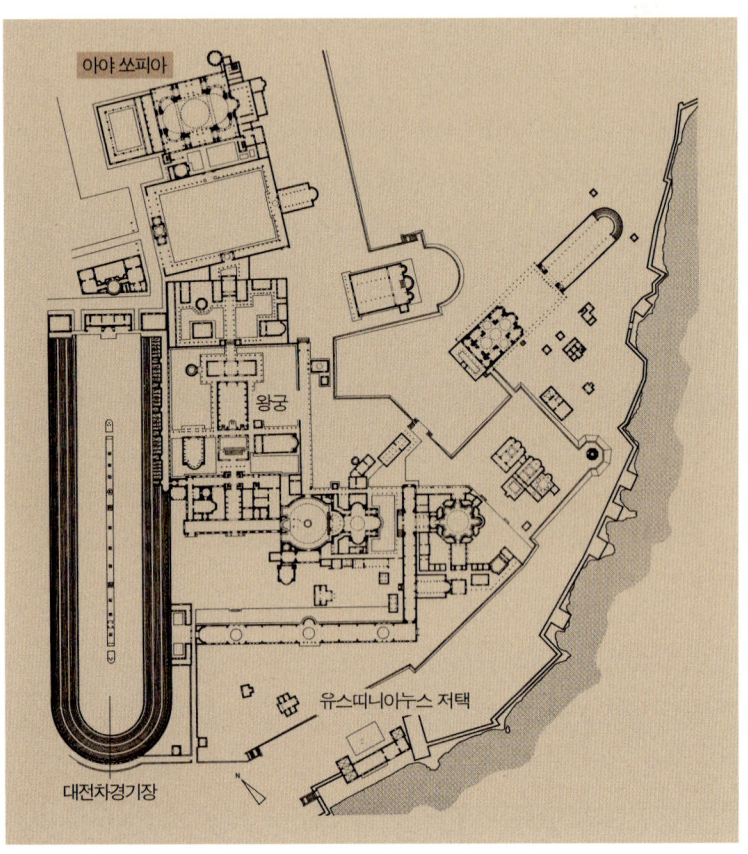

꼰스딴띠노뿔리스의 중심구역. 현재는 아야 쏘피아만 남고, 대전차경기장은 빈 공간으로 남아 있다.

지나면 안쪽 회랑이 나온다. 이곳에서 장축을 따라 진행하면 돔 하부의 중심공간이 나타난다.

과정의 공간과 목표의 공간이 완벽하게 통합되어 있는 것은 자신이 순례자로서 하느님에게로 향하는 길목에 서 있다는 기독교 정신의 표현이다. 기독교인은 세상에 머무는 동안 이 세상에서 해야 할 일을 하면서 최종목표인 하늘나라로 가려 하는데, 사람들이 현세의 일에 빠져 원래의 목표를 잊는 경우가 많으므로 하늘을 상징하는 공간이 필요한 것이다. 아야 쏘피아의 중심공간인 돔은 영적인 것, 인간과 신의 공간이라는 의미와 천상의 세계라는 상징형식을 내포하고 있다. 단순하며 장중한 외부형태와 복잡하고 광휘에 찬 내부의 대조는 현세와 내세, 땅과 하늘의 대조를 나타낸다. 내부공간에서 모든 중력은 추상화되며 바깥세계의 현실은 내부의 환상적인 비현실과 대립한다.

직경 30m에 달하는 중앙의 돔은 바닥에서 55m까지 치솟아 있으며 평면의 전체적인 크기는 71×77m에 달한다. 중앙의 돔은 남북 방향으로는 네 개의 거대한 피어[1]와 이에 연결된 버트레스[2]에 의해 지지되며 동서 방향으로는 반원형의 돔과 이에 연결된 조그만 반원형의 돔에 의해 지지되는데, 돔을 지지하는 구조체의 사이가 외벽으로 둘러싸여 직사각형의 공간을 구성하고 있다. 이러한 구조형식은 거대한 두 건축공간인 막센띠우스의 바질리까와 로마의 빤테온을 하나로 결합한 것이다. 둥근 지붕은 수직 아치 축과 수평띠의 상호작용으로 극한 강성을 갖는데, 그 강함이 부동침하와 지진에 민감하게 작용하여 오히려 붕괴의 원인이 돼 553년과 557년에 돔의 일부가 무너져내리고 989년과 1436년에 다시 무너졌다. 19세기에 철제 체인으로 기초를 보강한 후 이 위대한 건물은 창건된 지 13세기 만에 건축과 구조가 혼연일체된 건축으로 정착하였다.

공간적으로는 서로마제국 바질리까의 장축적 개념과 동로마제국의 중앙집중적인 배치를 최초로 성공적으로 결합하고 있는데, 이러한 시도는 이미 성 꼬스딴자

1 pier / 기둥과 구별되는 견고한 지주(支柱).
2 buttress / 볼트나 아치의 추력을 받기 위해 벽에 덧붙여 지어진 보강용의 벽. 버팀벽.
3 로마의 초기 기독교 건축으로 345년경에 세워진 것으로 추정.
4 이딸리아 라벤나에 위치하는 비잔띤 양식의 건축으로 526~47년에 건립.

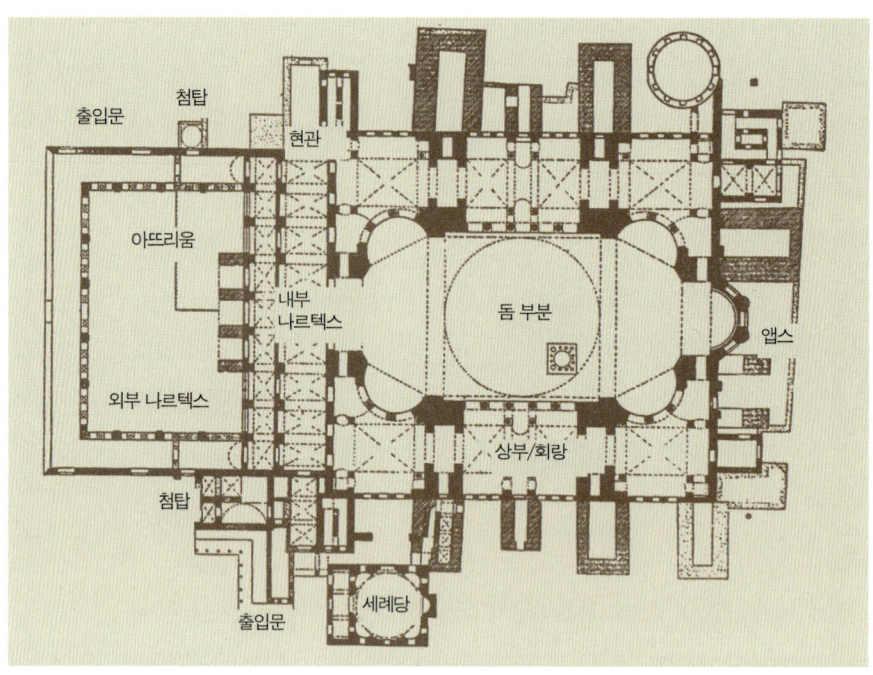

아야 쏘피아의 평면도. 현재 남아 있지 않은 외부 나르텍스(고대 기독교회당의 본당 입구 앞 넓은 홀로, 참회자·회개자를 위한 공간)가 보인다.

(Costanza) 성당[3]과 성 비딸레(Vitale) 성당[4]에서 이루어졌으나 두 경우 모두 중앙집중적인 성향이 더 지배적이며 장축의 개념은 상대적으로 미약하다고 할 수 있다. 아야 쏘피아에서는 수평 축이 강조되어 돔 상부로 향하는 수직 축과의 완벽한 균형을 이루게 되었다. 이러한 장축형식과 중앙공간형식의 결합양식은 아야 쏘피아를 절정으로 더이상 계승되지 못하고 소멸되며, 동로마에서는 중앙공간형식으로, 서로마에서는 바질리까식 장축형식으로 되돌아갔다.

아야 쏘피아는 또한 후에 이 지역을 점령한 이슬람 세력의 종교건축에 큰 영향을 주기도 하였다. 1453년 꼰스딴띠노뿔리스를 점령한 오스만 제국의 쑬탄 무하마드 2세는 내부공간은 그대로 두고 첨탑을 네 개 덧붙인 후 모스크로 사용하였다. 그후 1934년 터키 공화국의 초대 대통령 케말 파샤(Kemal Pasha)는 이를 박물관으로 바꾸었다.

아야 쏘피아의 건축적 탁월성은 구조적·공간적·역사적 차원들의 성공적 종합에도 있지만, 건축공간의 본질인 빛의 창조에서 건축미학적 성공을 이룬 데 있다고 할 수 있다. 흘러넘치는 빛 위에 놓인 돔의 하단부에 있는 40개의 창문은 환상적인 분위기를 자아낸다. 아야 쏘피아에서 빛은 물질적인 것을 추상적이고 영적인 환영으로 변형해 건물의 물질적 실체를 비실체화하고 있다.

인류가 이룬 최고의 내부공간, 아야 쏘피아

　그동안 가장 가보고 싶었던 도시가 예루살렘과 이스탄불이었는데 오늘 예루살렘을 떠나 이스탄불로 간다. 오랜 기다림 끝의 만남이 연이어 이어진다. 이스탄불 공항에서 도심까지는 멀다. 40분 거리다. 신도시 구역인 아시아쪽 공항에 도착하여 유럽쪽 구도시 구역으로 간다. 유럽과 아시아에 걸쳐 있는 보스포루스 해협의 3000년 도시, 꼰스딴띠노쁠리스로 더 많이 알려진 동로마제국의 수도에 왔다. 어둠 속 사방이 모스크다. 절이 별같이 많고 탑들이 마치 기러기떼같이 이어지던 삼국시대의 경주처럼 모스크의 돔과 첨탑이 도시를 이어 가는 듯하다. 동로마제국 이후 근 1200년 동안 동유럽과 중동과 북아프리카의 중심이었던 도시다. 우리가 아는 역사는 서유럽에 편향되어 있다. 현대건축에서도 이슬람의 큰 흐름이 도외시되어 있다. 이스탄불 힐튼호텔에 투숙한다. 예루살렘 공항에서 네 시간이나 시달렸지만 호텔에서 쉬기보다는 옛 도시 구역을 다녀보고 싶었다.

　비오는 밤 우산도 없이 아야 쏘피아를 찾았다. 야시장과 숲 사이 불이 환히 비추인 곳에 아야 쏘피아가 장려한 모습을 드러낸다. 조적의 거대한 성채가 어둠 속에 빛을 받고 서 있다. 대단한 아름다움이다. 우아하면서 강인한 입체가 1500년 시간을 뚫고 위대한 공간형상으로 모습을 드러낸다. 위대한 영혼과 위대한 시대가 만든 역사적 공간 앞에서 비를 맞으며 한참 서 있었다. 주변을 둘러본다. 1500년 전에 벽돌을 쌓아 이런 거대한 공간을 만들었다. 건축가인 것이 문득 자랑스럽다. 문이 닫혀 안은 볼 수 없다. 다음날도 월요일이라 문을 열지 않으므로 수위를 붙잡고 들어가게 해달라고 한 시간을 사정했으나 막무가내다. 결국 그 위대한 공간의 내부를 보지 못하였다. 하루 더 있을 여유가 없어 동로마제국의 다른 유적을 보는 것으로 만족해야 했다. 다시 오는 수밖에 없다. 광장 건너에서 다시 바라본다. 30년간 책에서 보아온 건물이라선지 익숙한 나의 옛 공간으로 돌아온 듯한 깊은 평안을 느낀다.

건너편 블루 모스크로 간다. 쑬탄 아흐마드가 아야 쏘피아에 필적하기 위해 세운 가장 크고 유명한 모스크다. 그러나 내부공간에 사람을 감동시키는 울림이 없고 건축형상은 아야 쏘피아를 변형한 것에

블루 모스크에서 바라본 아야 쏘피아 야경. 사방의 첨탑 네 개는 이슬람인들이 덧지은 것이다.

불과하다. 크고 오래되고 모든 것이 망라되었으나 진부한 보통 건축이다. 아야 쏘피아가 인류에게 주는 문화적 감동과는 다른 필요의 충족과 자기과시를 위한 공간일 뿐이다. 비슷해 보이지만 건축적 가치에서 큰 차이가 있는 두 건축이 마주 서 있다. 그러나 둘 사이의 거리는 너무 멀다.

아야 쏘피아의 내부를 보지 못한 막막함을 푼 것은 그로부터 반년의 시간이 흐른 뒤였다. 하비타트(HABITAT) Ⅱ[5]에서 '21세기 동아시아의 도시'라는 주제로 연설을 하게 되어 반년 만에 다시 이스탄불로 온 것이다. 혼자 왔다 혼자 가는 길이다. 호텔에 여장을 풀자마자 아야 쏘피아로 간다. 입구에 들어서면서부터 형이상학적이면서 미술적인 공간에 압도된다. 보이지 않는 깊은 곳으로 한없이 말려들어가듯 접근한다. 회랑을 지나 중심공간으로 나선다. 회랑의 아름다움은 감동의 예비 단계였다. 형언할 수 없는 공간이다. 빛과 어둠 사이로 돔이 하늘과 땅 사이에 떠 있고 조적의 광대한 벽은 높은 창의 빛으로 인해 더 큰 중력을 과시한다. 모든 부분이 전체를 암시하고 전체는 모든 부분을 포함한다. 어느 부분에서든 전체가 느껴진다. 전체가 부분으로 분화하고 부분이 전체로 집합하는 공간형식의 명료함이 미술적 깊이를 더해 형언할 수 없는 건축공간의 아름다운 질서형식을 보이고 있다.

7세기에서 11세기에 이르는 동안 세계문명의 중심은 비잔띤의 꼰스딴띠노뽈리스와 이슬람의 메카였다는 사실을 우리는 잊고 있다. 1000년을 지속한 비잔띤 제국은 유능한 황제들의 등장과 효율적 관료제도와 견실한 경제를 기반으로 인류 역사에 많은 업적을 이룩했다. 로마 제국보다 더 넓은 세계로 문명을 확대하고 고대 그리스의 사

5 1996년 이스탄불에서 개최된 주거문제를 주제로 한 유엔 회의.

정면에서 바라본 아야 쏘피아.

상을 보존하고 위대한 예술을 창조한 비잔띤 문명의 정수가 아야 쏘피아다. 동로마제국을 완성하고 대법전을 통해 천년제국의 틀을 만든 유스띠니아누스 대제가 대성당의 봉헌식에서 '쏠로몬이여, 나 너에게 이겼노라' 할 만큼 당시의 모든 지혜를 모은 수도 꼰스딴띠노뽈리스의 중심공간이었다. 비잔띤 제국의 모든 아름다움이 이 안에 있다.

꼰스딴띠누스 황제는 로마를 버리고 아시아와 유럽이 만나는 자리에 신도시를 건설하였다. 꼰스딴띠노뽈리스는 일곱 언덕으로부터 유럽과 아시아를 내려다보는 넓고 안전한 항구이다. 대륙에서 접근하는

아야 쏘피아 127

통로는 협소하여 천혜의 요새를 이루었다. 시는 일곱 개의 언덕 중 다섯 개를 아우르고 있었는데, 여섯번째 언덕과 일곱번째 언덕으로 도시가 확장되자 테오도시우스(Theodosius) 2세가 새로운 성을 쌓았다. 둘레는 10~11 로마마일, 전체 면적은 2000에이커(약 250만 평) 정도였다. 당시 꼰스딴띠노뽈리스 황실의 궁전은 일곱 언덕의 첫번째인 동쪽 고지대에 있었다. 원형경기장과 아야 쏘피아 사이 광활한 지역을 차지했던 이 황궁은 면적이 150에이커에 달했다.

건축물들은 꼰스딴띠누스 시대의 기술자들에 의해 완성되었지만 건물의 장식은 뻬리끌레스와 알렉산드로스(Alexandros) 시대 거장들의 작품을 가져다놓았다. 로마보다 더 크고 아름다운 도시를 기획하고 지었는데, 이 도시가 창건된 100년 후의 기록을 보면 주요시설로서 까삐똘리누스(Capitolinus) 신전과 원형경기장, 극장, 공중목욕탕 8개소와 사설목욕탕 153개소, 주랑 52개소, 곡물창고 5동, 저수지 8개소, 원로원이나 재판소의 집회를 위한 공회당 4동, 교회당 14동, 궁전 14동 그리고 서민용 주택 4388채 등이 열거되어 있다.

수백년 동안 지어진 로마와 달리 꼰스딴띠노뽈리스는 단번에 만들어진 신도시다. 꼰스딴띠누스가 건설을 서둘러서 성벽, 주랑, 궁전의 주요 건물들은 불과 몇년 만에 완공되었다. 수많은 건물이 졸속으로 지어졌기 때문에 후대에 붕괴되지 않도록 보수하는 데 더 많은 돈이 들었다.

로마의 모든 귀족과 원로원, 기사단이 수많은 수행원들을 거느리고 황제를 따라 이곳으로 이주했다. 텅 빈 옛 수도 로마는 이방인과 평민에게 방치되었다. 칙령에 의해 꼰스딴띠노뽈리스는 제2의 로마 또는 신로마로 불리었다. 로마가 만신의 도시인 데 비해 꼰스딴띠노뽈리스

옛 꼰스딴띠노쁠리스 중심구역의 현재. 보스포루스 해협 쪽으로 아야 쏘피아와 주변의 왕궁, 대전차 경기장 유적이 있다. 가운데 건물이 블루 모스크이다.

는 유일신의 도시였다. 도시의 공유영역과 사유영역 중 공유영역을 대표하는 정치공간, 문화공간, 체육공간에 대응하여 신의 공간인 아야 쏘피아가 신도시 꼰스딴띠노쁠리스의 상징적 위치에 자리잡았다. 역사상 최고의 내부공간을 지닌 아야 쏘피아지만 천년도시 꼰스딴띠노쁠리스의 도시공간 속에서 볼 수 있어야 제대로의 모습을 알게 될 것이다. 도시를 알아야 건축이 보인다.

새로운 제국의 도시를 상징하는 공간은 새로운 구조원리를 필요로 했다. 꼰스딴띠누스가 지은 신로마의 첫 성당을 부수고 유스띠니아누스가 다시 세운 아야 쏘피아는 새로운 구조로 지어졌다. 둥근 지붕(돔)을 정사각형의 평면 위에 세워 그때까지 없던 새로운 스타일의 내부공간을 실현한 것이다. 단순한 필요의 공간이 아니라 모든 필요를 넘어서는 원형의 공간이다. 건축의 실재는 내부공간에 있다. 인간이 만든 건축의 내부공간은 자연에는 없는 새로운 의미의 세계이다. 피라미드에는 사람의 것인 내부공간이 없다. 죽은 자의 공간인 까닭이다. 삶과 죽음의 통로인 대회랑과 파라오의 묘실이 있을 뿐이다. 아야 쏘피아는 내부공간을 통해 하늘을 땅 위에 있게 하는 상징형식의 공간을 창출하였다. 단순한 대공간이었던 바질리까 공간에 돔을 더하여 역사의 차원에 문명의 감수성을 갖게 한 것이다.

아야 쏘피아는 건물 전체가 완벽한 미술공간이기도 하다. 세 시간 가까이 사방 구석구석을 다녀도 더 볼 것이 쌓인다. 잠시 바깥으로 나선다. 주변을 다시 둘러본다. 천창 위의 돔과 둔중한 벽이 겹친 1500년 전의 입체 속을 걷는다. 둥근 지붕은 사방으로 균등하게 만곡된 쁠라똔(Platon)적 이상형으로 무한히 솟은 하늘의 상징이고 두터운 조적의 벽은 땅의 표상이다. 그리스인이었던 설계자는 기독교의 영적 상징을 내부공간에 두어 건물의 외양에는 관심을 기울이지 않았으나, 내부공간의 표상인 외부공간도 더할 수 없이 아름답다. 다시 안으로 들어선다. 마치 하늘에서 내려뜨린 것 같은 거대한 반구형의 돔 사이로 빛이 회당 전체에 넘쳐흐른다. 전신을 휩싸는 상상을 초월한 건축의 위열을 느낀다. 마음속의 모든 상념은 빛 위에 떠 있는 돔으로 빠져든다. 하비타트 Ⅱ에서 연설하게 된 것보다 아야 쏘피아의 내부공간을 볼 수 있었던 것이 더 큰 기쁨이었다.

아야 쏘피아는 일상에 내재한 영원의 시간을 말한다. 3천년 도시 이스탄불의 상징공간으로 신학적 관념을 표현하는 건축인 이 공간은 미술의 모든 것을 공간형식으로 실재케 하며 인류에게 과거의 메시지를 실재의 것으로 전한다. 보스포루스 해협이 내려다 보이는 해안으로 가서 아시아와 유럽 사이의 바다를 가슴 깊이 호흡한다.

반석 위의 돔

아브라함이 이삭을 야훼에게 바쳤다는 반석 위에 예루살렘을 정복한 쑬탄 말리크가 이슬람교의 개조(開祖) 무함마드의 승천을 기리기 위해 사원을 세웠다. 메카의 카바 신전 이후 최초로 세워진 이슬람 사원인 반석 위의 돔은 수학적 리듬과 신학의 의미가 건축적 아름다움으로 승화된 건물이다.

반석 위의 돔 들여다보기

예루살렘 동쪽에 위치한 반석 위의 돔은 7세기 이슬람교도들이 예루살렘을 정복할 즈음에 세운 최초의 이슬람 사원으로, 691년 쑬탄 말리크(Abdu'l al-Malik)가 무함마드의 승천을 기리기 위해 건립하였다.

건물의 특징은 수학적인 리듬에 의한 전체적인 비례인데, 이 비례는 건물 중앙에 위치한 반석과 건물에 외접하는 원의 중심에서 시작된다. 건물의 정신적 중심인 돔 아래의 반석은 아브라함이 야훼에게 이삭을 바친 곳으로, 쏠로몬 왕이 이곳에 야훼 신전을 건설하였다고 전해진다. 반석의 밑에는 저수지였다고 추정되는 두 개의 동굴이 있다.

1 아드리아 해에 면한 끄로아띠아의 스빨리뜨에 있는 사원.

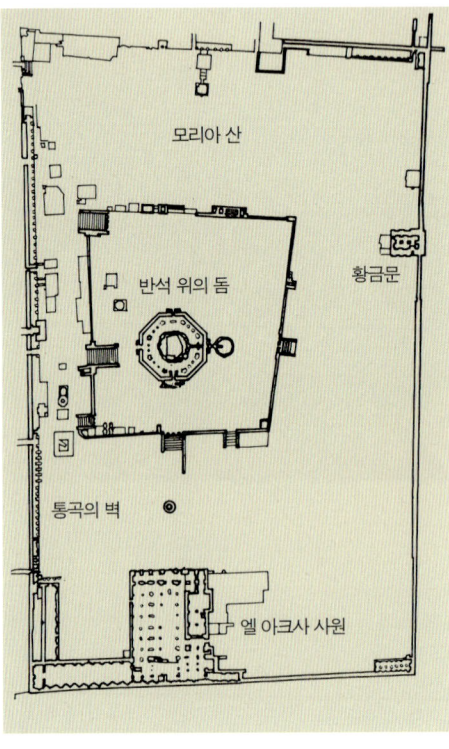

반석 위의 돔 배치도. 중앙에 보이는 팔각의 건물로 예루살렘의 모리아 산 정상에 위치한다.

전체적으로 팔각형의 건물에 돔을 얹은 형태인 반석 위의 돔은 성묘 교회의 돔과 같은 구조이며, 고대 로마의 건축 요소와 이슬람의 건축 요소를 절묘하게 합일시키고 있다. 건물의 폭은 40m, 신전의 기단은 가로와 세로가 각각 100m이고 주위는 성벽으로 둘러싸여 있다. 건물의 평면은 디오끌레띠아누스(Diocletianus)의 사원[1]과 흡사하며 입면은 이딸리아, 씨리아, 팔레스타인 등지의 비

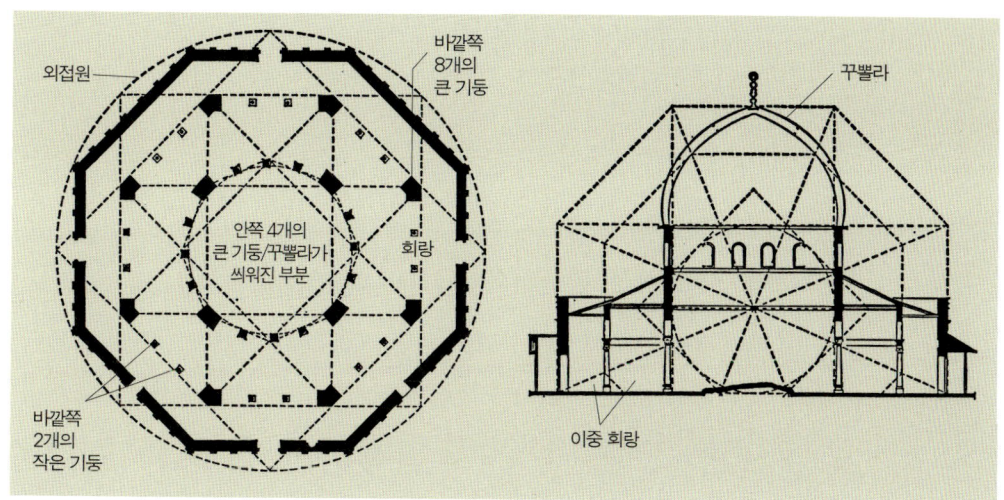

완벽한 기하학적 질서 형식으로 이루어진 반석 위의 돔 평면도 및 단면도.

잔띤 사원들과 유사하나 전체적인 모양은 독특하다. 건물 외벽은 3m 높이로 이슬람 양식이며, 각 면마다 아라비아의 기하학적 디자인과 화려한 페르시아 타일을 붙여 황금 모자이끄를 만들고 코란을 새겨놓았다.

북쪽 문 입구의 녹색 바닥돌은 천국으로 가는 길을 의미하며, 돔의 입구는 나침반의 동서남북을 정확히 가리킨다. 청동제의 육중한 문 안에 금으로 도금된 주두를 가진 대리석 원주들이 2열로 내부를 둘러싸고 있다. 돔의 내부는 이슬람 건축 특유의 색채와 아라비아식 무늬로 장식되고 목제 천장은 금빛으로 칠해져 있다.

이슬람 시각예술의 정수,
반석 위의 돔

　3000년 도시 예루살렘에 서면 3000년의 시간과 공간이 보인다. 3000년의 도시이면 고고학의 도시다. 역사는 언어형식의 기록이다. 미래는 언어형식의 역사보다 시각형식의 고고학과 더 깊이 연관될 것이다. 예루살렘은 가장 많은 언어로 기록된 도시이며 가장 많은 시각형식의 궤적이 남은 곳이다. 『성경』과 『코란』의 도시 예루살렘의 하늘과 땅은 이 세상의 것 같지 않다. 영원의 시간과 공간이 하늘과 땅 사이에 서려 있다.

　신전의 언덕 위 모리아 산 정상에는 이슬람의 성전인 반석 위의 돔이, 골고타 언덕에는 성묘 교회가 있다. 무함마드는 죽기 전에 기적적으로 예루살렘을 여행하여 모리아 산 정상의 이 특별한 바위 위에 자신의 발자국을 남겼다. 그 바위 위에 메카의 카바 신전 이후 최초의 이슬람 성전을 세운 것이다. 신전의 언덕 한가운데 제단의 바위를 세 겹의 공간으로 싸고 위에 황금빛 둥근 지붕을 만들었다. 황룡사에 9층탑이 세워지던 7세기의 일이다.

　오늘 나도 어렵게, 드디어 발을 디딘다. 아랍지구의 깊은 그림자의 터널 같은 길을 지나 신전의 언덕으로 들어선다. 성전 입구에서 총을 든 전투복 차림의 경찰이 검문한다. 어젯밤 도착하자마자 신전의 언덕을 찾았으나 영화에서나 보던 기관총을 든 군인들에게 제지당하여

예루살렘 최초의 이슬람 사원 반석 위의 돔과 신전 서쪽 벽인 통곡의 벽.

언덕 아래 통곡의 벽에 가서 밤 늦게까지 있었다. 신전의 언덕은 전체가 모스크다. 유대구역과 이슬람구역이 만나는 곳이긴 하지만 이슬람의 땅인 것이다. 그러나 이 언덕의 서쪽 벽이 유대지구인 통곡의 벽이라서 오늘도 수많은 유대교도들이 벽에 기대 기도하고 있다. 인간의 공간과 신의 공간이 하나인 성령의 도시 예루살렘의 시간과 공간의 축도(縮圖)를 보는 듯하였다.

신전의 언덕은 회랑으로 둘러싸인 모스크의 세계다. 성전 외곽공간에 들어서면 네 방향에 성루가 있고 동서남북 네 곳에 상징적 입구가 있다. 세속도시와 차단된 내계(內界)를 구성하고, 다시 단을 쌓고 문을 두어 성역을 이룬 후 그 중심 암반 위에 돔을 세웠다. 유일신에 대한 무조건적 복종을 상징하는, 아브라함이 이삭을 바친 바위 위에 신전을 세운 것이다.

푸른 모자이크로 덮인 팔각의 장엄한 미술공간이 황금빛 돔과 함께 신전의 언덕 한가운데 우뚝 서 있다. 무엇보다 예루살렘 전체의 중심을 스스로에 귀속시킨 공간형상의 치밀함이 뛰어나다. 이곳은 예루살렘의 모든 곳과 닿아 있다. 하늘의 도시 예루살렘에서 가장 가까이 하늘에 닿아 있는 장소로, 7세기에 세워진 건축공간이 변화 없이 1300년 동안 예루살렘의 상징적 중심으로 살아있다. 이곳에서는 하늘도 다르게 느껴진다. 신전의 언덕 전체가 황금의 돔으로 축약되어 다가온다. 이 건축공간을 1300년 동안 지속케 한 힘은 무엇일까. 이 자리는 3000년 도시 예루살렘의 중심장소다. 3000년 시간의 공간이 쌓여있는, 헤롯과 예수와 무함마드가 함께한 공간이므로 3000년 도시의 중심일 수 있었던 것이다. 피라미드는 사막에 버려지고 왕가의 계곡은 묻히고 알렉산드리아는 이교도의 도시가 되었는데, 예루살렘은 3000년 동안의 모습 그대로이다.

이슬람교의 신앙과 문화는 믿기 어려울 정도로 빠르게 중동과 북아프리카로 퍼져나갔다. 그리스도가 죽고 600년 뒤에 일어난 이 새로운 종교는 기독교가 6세기에 걸쳐 이룩했던 것보다 더 넓은 지역에서 더

예루살렘 전경. 신전의 언덕 위에 반석 위의 돔이 보인다.

많은 수의 신도를 거느리게 되었다.

무함마드가 이슬람교라는 이름 아래 가르친 신앙은 '신은 오직 한 분이며 무함마드는 신의 사도'라는 두 가지 내용이 결합된 것이다. 『코란』은 신의 유일성에 대한 장엄한 증언이고, 무함마드는 무엇이든 떠오르는 것은 지고 태어난 것은 죽고 존재하는 것은 소멸한다는 원리에 입각해 우상과 인간, 별과 행성에 대한 숭배를 배격했다. 그는 우주의 창조주라는 영원무궁한 존재를 인정하고 찬양했는데, 이 존재는 형태나 장소가 없고 행동이나 형상이 없으며 스스로의 본질적 필연성에 의해 실존하며 스스로에게서 모든 도덕적, 지적 완성을 끌어내는 존재이다. 예언자의 말을 통해 선언된 진리는 『코란』의 주해자들에 의해 형이상학적 정밀성을 갖도록 정의되었다. 알라는 모든 피

반석 위의 돔 내부. 중앙에 아브라함이 야훼에게 이삭을 바친 반석이 보인다.

조물에 자신의 존재를, 인간의 마음속에 자신의 법칙을 새겨놓았다. 아담의 타락에서부터 『코란』의 선포에 이르기까지가 성령에 의해 104권의 책으로 구술되었고, 초월적 지혜를 지닌 여섯 명의 입법자가 불변의 종교의식 절차에 관한 여섯 가지 계시를 인류에게 선포했다.

종교로서의 이슬람교는 많은 부분 유대교와 기독교의 전통을 기반으로 하고 있다. 이슬람이란 '복종'이란 의미를 갖고 있고 이슬람교 신자는 전지전능한 유일신 알라의 뜻에 따르는 사람들인 것이다. 알라신은 무함마드를 통해 이 세상에 현시되었으며 이슬람교의 성전인 『코란』에 모든 것이 기록되어 있다.

78년에 중동에 갔을 때『코란』을 처음 읽었다. 그때는 그냥 읽었다. 이제 이슬람의 도시와 건축을 다니면서『코란』을 다시 읽는다.『코란』은『성경』의 내용에서 많은 것을 도출하고 있으며 구약성서의 예언자들과 예수는 무함마드의 선행자로 간주된다. 이슬람교의 강령은 유대교·기독교와 근본적으로 비슷하나 이슬람교에서는 성직자가 집전하는 종교의식이 없다. 모든 이슬람교 신자는 알라에게 동등하게 접근하는 것이다. 기도는 하루중 정해진 시간에 혼자서 혹은 이슬람 사원에서 행해진다. 리야드에서 종종 그들의 의식에 참여했는데, 아무도 나를 보지 않았다. 모두가 다 스스로이다. 기독교식 의식에 익숙한 나로서는 의외의 경험이었다. 그러나 정해진 시간이 그들을 지배하고 있었다.

이슬람교에서 종교적 활동의 영역은 인간의 전체적 삶을 포괄한다. 무함마드는 모스크를 세상 가운데 장터와 함께 있게 하였다. 이슬람의 성전은 도시공동체의 일부인 것이다. 그런 의미에서 반석 위의 돔은 이슬람교의 원리에 의해 만들어진 최초의 이슬람 신전이라고 할 수 있다.

반석 위의 돔은 무함마드가 직접 메디나(Medina)에 세웠던 소박한 추상적 공간을 큰 규모로 실현하고 있다. 그들은 신앙과 헌신의 대상을 인간의 감각과 상상력의 차원으로 끌어내리려는 유혹에 반대했다. 반석 위의 돔에는 눈에 보이는 우상으로 신의 이미지를 격하하는 일이 결코 없다. 거기에는 스스로의 본질적 필연성에 의해 실존하는 공간만이 있을 뿐이다. 이런 종교적인 이유로 이슬람의 시각예술은 추상적이고 장식적이다.

원래 이슬람교는 초기 기독교와 마찬가지로 시각예술을 전혀 필요로 하지 않았다. 무함마드 사후 50년간 이슬람교도는 기도를 하는 데 끼블라(al-Qiblah)라는 이슬람 성지 메카(Mecca)로 향하는 방향만 있으면 되었다. 즉 메카로 향하는 면에 열주랑을 놓거나 단순히 입구를 반대쪽에 놓음으로써 성지로 향하는 면만 만들면 되었다. 그러나 그들도 차츰 정복지의 비이슬람 신전을 압도하여 자신들의 힘을 시각적으로 상징화하려는 욕망과 함께, 한 도시의 모든 이슬람교도들을 한 곳에 수용하려는 정치적 고려에 의해 크고 화려한 이슬람 사원을 짓기 시작했다. 이슬람 건축의 가장 중요한 공헌은 로마와 비잔띤의 돔에서 출발하여 새로운 내부공간을 발전시킨 점이다.

반석 위의 돔 안으로 들어선다. 외부공간과 다른 세계의 공간으로 들어온 듯하다. 밝은 태양의 언덕 위에서 깊은 암반 속으로 들어온다. 새로운 문명의 빛 속에 밝음이 묻힌다. 빤테온과 다르고 아야 쏘피아와 다르고 성묘 교회와도 다른 세계의 공간이다. 팔각의 외벽 안에 팔각의 회랑이 있고 중앙에 원형의 돔이 자리잡았다. 네 교각과 열두 기둥이 돔을 받치고 있는데, 돔으로부터는 빛이 없다. 빛은 돔 아래서 수평으로 비쳐온다. 바깥 회랑은 여덟 교각과 열여섯 기둥으로 이루어지고, 평면과 단면의 기하학이 같은 비례로 이루어진 것을 느낄 수 있다. 이곳은 완전공간의 세계, 기하학적 질서의 공간이다. 신학과 기하학이 창출한 질서의 세계 속에 머문다. 시각형식과 언어형식이 완

반석에서 바라본 돔.

신전의 언덕 한가운데 제단의 바위를 세 겹의 공간으로 싸고, 팔각의 공간 위에 황금빛 둥근 지붕을 만든 반석 위의 돔.

전한 하나가 되어 있다. 피안의 세계를 상징하는 금박의 둥근 지붕은 1300년 동안 수없이 바뀌다가 30년 전 지금의 금빛 경량알루미늄으로 교체되었다. 푸른 색이 주조를 이룬 아라베스끄 모자이끄의 아름다움이 극치의 미술적 효과를 공간에 가득 넘치게 하고 있다.

우리에게는 우리 역사의 신화를 상징하는 공간이 무엇일까. 황룡사 9층탑은 신화와 기하학이 건축의 기본을 이룬 2000년 도시 경주의 상징이었다. 몽골의 침입 때 불탔으나 우주의 변화를 상징하는 64개의 바위가 남아 있다. 반석 위의 돔보다 큰 규모인 당시 세계 최대였던 신라의 불타버린 상형문자에 대해 우리는 700년 동안 아무것도 하지 않고 있다. 아랍인들은 헤롯의 성전 위에 그들의 신전을 짓고 유대인들은 빼앗긴 성전의 벽에 와서 기도한다. 이제 우리도 우리의 잃어버린 시간과 공간을 찾아나서야 한다. 반석 위의 돔에서의 감동이 우리

반석 위의 돔 141

의 신화와 상징으로 이어지지 않으면 뜻이 없다.

예루살렘은 다른 인종과 다른 신앙과 다른 시대를 한 공간에 있게 하는, 하늘과 땅 그 자체인 도시였다. 예루살렘에 있으면 누구나 하늘을 믿게 된다.

천단

천단은 천자가 하늘에 제사를 지내던 신전으로 사회주의혁명과 문화혁명의 시대에도 보존되어온 중국인의 원형공간이다. 황제가 동짓날 제를 올리는 공간인 원구와 하늘에 풍년을 기원하는 원형의 건물인 기년전이 남북 축을 이루며, 지상 4m 높이인 폭 30m 길이 360m의 가로 위에 하늘에 제사지내는 의식의 대공간을 이루고 있다.

천단 들여다보기

오랜 세월에 걸쳐 형성된 중국 봉건사회는 유교사상을 중심으로 수많은 도가적인 요소들을 융합하여 하나의 거대한 사상체계를 이루었다. 이 사상체계에서 가장 두드러진 특징은 하늘에 대한 숭배이며 중국인들은 자연계의 해와 달, 별, 바람, 천둥, 번개, 비, 산과 강에도 제각기 신이 있어 농작물의 흉풍과 사람의 화복을 지배한다고 믿었다. 따라서 중국은 자연신에 대한 구복의 일환으로 천단(天壇), 지단(地壇), 일단(日壇), 월단(月壇), 풍신묘(風神廟) 등의 제단을 쌓게 되었다. 천단에서 제사를 지내던 천자는 하늘의 뜻을 받은 사람으로 지고한 권위를 가지게 된다.

천단은 명·청의 황제가 직접 하늘에 제사를 지내고 풍년을 기원했던 제천행사의 제단이었다. 명대 영락 18년(1420), 명의 조정이 베이징으로 천도할 때 창건되었으며(현재의 규모는 1530년에 완성), 베이징 외성의 남부 영정문 안에 있는 큰길의 동쪽에 위치한다. 도성 전체의 중심 축선을 기준으로 서쪽의 선농단(先農壇)과 동서로 완벽하게 대칭을 이루고 있다.

천단의 건축공간은 내외 이중의 담으로 둘러싸여 있다. 총면적은 280ha이고, 둘러싸고 있는 담의 평면은 거의 정방형이지만 북면의 양쪽 모서리는 둥글다. 이는 천원지방[1]설의 원리를 따른 것이다.

천단의 사상적 기조는 하늘의 숭고함, 신성 그리고 황제와 하늘 사이의 친밀한 관계를 나타내는 것이다. 원구(圓丘), 황궁우(皇穹宇), 기년전(祈年殿)의 평면을 모두 원형으로 하고 안팎의 담과 기년전, 원구 사이는 호형으로 하여 고대 천원(天圓)의 우주관을 표현하였다. 원구를 구성하는 요소들의 갯수도 양의 기수 혹은 그 배수를 사용하거나 주천(周天)의 360도에 부합하는 천상의 숫자를 사용하였다.

천단의 건축적 위대함은 개개의 건축물에 있는 것이 아니라 대공간의 축상에서 자연과 인간 간의 합일을 구하는 정신적 공간체계를 구현한 전체의 공간 구성에 있다.

1 天圓地方 / 중국 진(秦)나라 때의 『여씨춘추전(呂氏春秋傳)』에 나온 말로, 하늘은 둥글고 땅은 네모지다는 뜻.

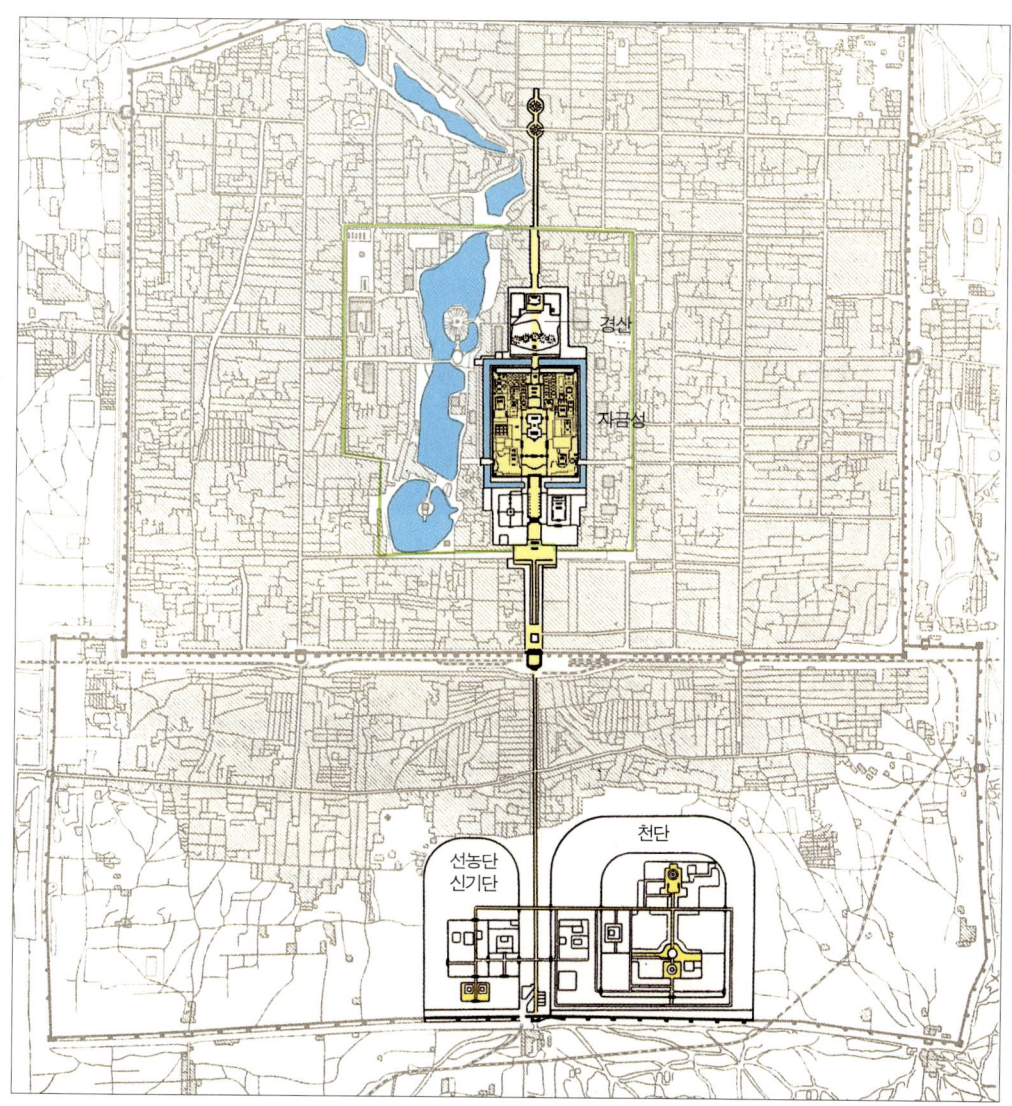

베이징 도성도. 내성의 중심축상에 자금성과 경산이 있고 외성의 중심축 좌우에 선농단과 천단이 마주하고 있다.

천단의 전체 구조는 용도에 따라 네 부분으로 나뉜다. 원구는 흰돌을 이용해 3층으로 쌓은 원형의 대(臺)로 황제가 매년 동짓날 하늘에 제사를 지내던 곳이다. 기년전은 천단 전체에서 가장 중요한 건물로 풍년을 기원하는 원형평면의 대전이고, 황궁우는

천단 145

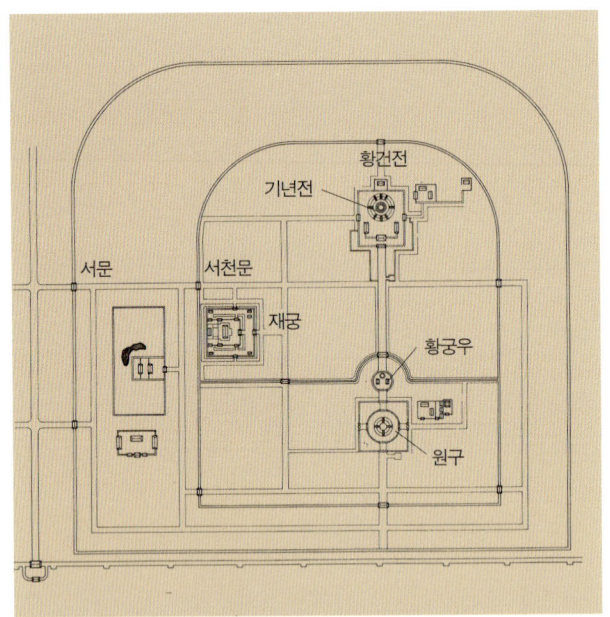

천단의 배치도. 원구, 황궁우, 기년전의 평면을 모두 원형으로 하고, 내외측의 담 및 기년전과 원구 사이를 호형으로 하여 고대 천원(天圓)의 우주관을 표현하였다.

하늘에서 바라본 기년전.

평시에 위패(位牌)를 받드는 건축이다. 재궁(齋宮)은 황제가 제사를 지내기 전날 머무르던 곳으로 주변을 2중의 담으로 둘러서 경비를 삼엄하게 하였다. 그밖에 제사에 제물로 쓰는 가축을 기르는 희생소(犧牲所)에서 일하는 사람과 무악(舞樂)에 종사하는 사람이 거주하던 신락서(神樂署)가 있었다.

천단은 고대 중국 건축가의 탁월한 공간조직의 재능을 최고로 실현한 중국 건축의 대표 작품이다.

공간으로 상형화된 중국인의
사상체계, 천단

중국의 도시를 알기 위해서는 『주례(周禮)』의 「고공기(考工記)」를 읽어야 한다. 황위가 대대로 세습된 중국에서 하늘과 땅에 제를 올리는 것은 역대 황제의 중요한 정치활동이었다. 처음 뻬이징에 갔을 때는 자금성만 보였다. 두번 세번 다니면서 중국인들과 함께 연구하고 그들을 개인적으로 알게 되면서 뻬이징의 상징적 원형공간으로 자금성 이외에 천단이 있는 것을 알았다. 뻬이징의 도시계획은 자금성과 천단이라는 두 상징공간에서 시작한다. 자금성은 중국의 권력구조가 상형화된 공간이며 천단은 중국인의 의식구조가 상형화된 공간이다. 자금성이 중국 권력구조의 원형공간이라면 천단은 중국인의 형이상학적 원형공간인 것이다. 자금성은 일상의 질서를, 천단은 영원의 질서를 말한다.

하늘에 제사지내는 단은 뻬이징성 외곽 남쪽에, 땅과 해와 달에 제사지내는 단은 성의 외곽 북·동·서쪽에 두었다. 하늘은 양이므로 남쪽에, 땅은 음이므로 북쪽에 둔 것이었다. 이 중 황제가 직접 제사를 지내는 천단이 가장 중요한데 처음 천단에 가보았을 때는 그 의미를 잘 알지 못하였다. 국가적 의식공간에 대한 의미는 접어둔 채 천단을 건축으로만 보려고 했기 때문이다.

반년 뒤 다시 천단을 찾았을 때는 종일 머물렀다. 하루에는 다 걷지

돌로 만든 3층 단인 원구. 청대에는 매년 동짓날에 재궁에서 몸을 씻은 황제가 원구에 올라 그해에 일어났던 중요한 사건을 하늘에 고했다.

못하는 크기다. 자금성과 동일한 시기에 지어진 천단이 황제의 궁인 자금성보다 무려 네 배가 크다. 정문이 서쪽에 있는 연유도 그때서야 알았다. 모든 것이 『주례』의 「고공기」를 따른 것이다. 주요한 제례의 공간은 천단 동쪽의 남북축상에 있고 재궁은 서쪽에 있다. 황제는 매

천단 149

천신의 신위를 모시는 황궁우와 황궁우를 둘러싼 회음벽. 소리를 반사하는 회음벽에 사람들이 귀를 대고 서 있다.

년 하늘에 제사를 지내기에 앞서 자금성에서 재궁으로 온 뒤 이곳에서 목욕재계를 하였다. 재궁과 천단의 건축군 이외에 상록수인 소나무와 측백나무를 기하학적으로 격자를 이루도록 다량으로 심어놓아, 자연적이면서 인공적인 심원한 분위기를 조성하고 있다. 나무를 격자망으로 심은 강제된 자연의 나열이 역설적이게도 오히려 자연스럽다. 서문으로 들어온 후 길게 펼쳐진 나무의 통로를 거쳐야 제사의 공간에 들어올 수 있는데, 숙연하고 신성한 효과가 대단하다.

천단의 중심축상에 있는 건축군은 남과 북 두 부분으로 나뉜다. 남쪽에는 하늘에 제사지내는 원구와 황궁우가 있다. 대학 때 책에서 충격적인 감동으로 보았던 3층의 석조 원형기단이 하늘을 향하고 있다. 일상적인 비례를 넘는 하늘을 향한 제단이다. 나지막한 담장 두 겹이

천단에서 가장 크고 아름다운 목조 건축물 기년전. 매년 하지에 황제가 풍작을 기원하던 곳이다.

주위를 감싸고 있다. 담장 안 동남쪽에는 10여 개의 쇠화로와 유리화로가 있고 서남쪽에는 높이 세운 등불 걸개가 있다. 화로 속에 소나무와 계목 등의 향이 나는 나무를 태워 순식간에 연기가 감돌게 하고 주악 속에 하늘로 향한 공간을 마련하려는 것이다. 눈에 보이지 않는 소리와 향기가 장엄한 색채의 시각효과를 극대화한다. 회음벽(回音壁)으로 둘러싸인 황궁우는 천신의 신위를 모시는 곳이다. 벽에 대고 소리를 내면 벽을 타고 건너편으로 소리가 이동하는 회음벽이 미소를 짓게 한다. 국가적 의례의 공간 속에 이런 해학의 장소가 있다.

　원구와 대응하는 북쪽에는 매년 하지에 황제가 풍년을 기원하던 기년전이 있다. 중국 안내책자에 자금성과 함께 실려 있는 원형의 건물이다. 원구에서 지상으로 돌출한 기단을 따라 기년전으로 향한다. 폭

30m, 길이 360m의 거리가 땅에서 4m 솟아 양편에 가득한 소나무와 측백나무 사이를 지나므로 녹색의 도도한 바다를 걷는 듯하다. 하늘로 향한 길을 걷는다. 아무것도 보이지 않는다. 숲의 바다 위에 하늘만 있는 길을 간다. 휘황한 색채의 제례복을 입은 수백의 문무백관과 장엄한 주악 속에서 황제가 하늘을 향해 기원한다.

천단은 천자가 인간을 대신하여 하늘에 기원하는 의식의 공간이다. 그들은 초월적 존재보다 의례 속에 현현하는 상징을 믿는다. 엄청난 대공간의 중심축상에서 이루어지는 음악과 미술의 공간연출을 통해 그들은 하늘과 인간이 만드는 비현실적인 상황을 구성해내고자 한다.

자금성은 일상의 공간이지만 천단은 동지와 하지에 단 두번 이루어지는 의식의 공간이다. 동지와 하지에 천자는 한번은 원형의 제단에서 하늘에 고하는 의식을 거행하고 다른 한번은 원형지붕이 있는 목조의 돔에서 천명을 받는 의식을 행한다. 천단은 자금성과 대위법적 구성을 이룬다. 성곽도시 뻬이징에 자금성과 천단이라는 두 개의 새로운 소우주가 격자도시 속에 강제된 통제의 미학을 이루고 있는 것을 보면 그들 역사의 거대한 잠재력을 다시 느끼게 된다.

중국인은 다르다. 지난 100년간 그들은 견디기 힘든 수모를 당했다. 그러나 동남아시아를 이미 경제적으로 제패한 화교집단과 공산주의 이데올로기로 조직화된 대륙의 12억 인구가 하나가 되면서 이제 중국은 인류 역사상 가장 큰 제국이 되려 하고 있다. 아편전쟁 100년 만에 중국의 자본이 런던을 잠식하고 화교의 자본이 캐나다에 상륙한다. 연평균 경제성장률이 10%가 넘고 매년 3000만에 가까운 인구가 늘어나는 중국에서 앞으로 20년 안에 일찍이 인류가 경험하지 못한 거대한 규모의 인구이동이 일어날 것이며, 그것은 중국대륙은 물론

기년전의 내부. 요소 하나하나를 일관된 사상체계에 입각해 구성하였다.

세계 도처로 뻗어가는 중국인의 신도시 형식으로 이루어질 것이다.

 이제는 중국을 알아야 세계를 아는 것이다. 중국을 알자면 무엇보다 그들의 역사와 도시를 알아야 한다. 자금성과 천단에는 그들의 역사와 도시와 조형의지의 상형문자가 쌓여 있다. 우리의 세계화는 중국과 일본과 다른 우리의 것을 찾는 데서 시작되어야 한다. 천단만한 것이 우리에게 무엇이 있는가. 자금성 앞 서쪽에 사직단이, 동쪽에 태묘가 있는 것처럼 경복궁 앞 서쪽에 사직단이, 동쪽에 종묘가 있다. 고종 때 대한제국을 선포하고 원구단을 지었다. 조선호텔 양식당 앞에 남은 원구단에서 무엇을 할 수 있었을까. 천단에 서면 아무것도 들리지 않고 아무것도 보이지 않는, 하늘과 마주한 광대한 자연과 인공의 장소를 느낀다. 하늘과 땅을 직접 만날 수 있어야 천하를 말할 수 있는 것이다.

천단의 기년전은 예술의 전당의 오페라하우스를 설계하면서 마음으로 많이 생각했던 건축이다. 산기슭에 세워지는 오페라하우스, 연극극장, 실험극장을 산과 조화되고 도시와 싸우지 않게 원형의 공간으로 만들었다. 남쪽으로 산이 있어서 주접근로가 항상 그늘졌으므로 빛이 사방으로 흐르는 원형의 공간이 될 수밖에 없기도 했다. 원구와 기년전과 경쟁하고 싶은 마음도 있었다. 15년 전 이야기다. 이제 마음을 열고 편안한 마음으로 원구와 기년전을 바라볼 수 있다.

자금성과 천단에서 더 많은 것을 볼 수 있어야 하고 경복궁과 종묘에서 그들과 다른 우리 것을 알 수 있어야 한다. 우리의 것은 무엇이고 그들의 것은 무엇인가. 종묘 정전에서 느끼는 것과 천단에서 느끼는 것은 격이 다른 것이다. 천단은 우리가 이루기 어려운 거대한 규모의 건축군이나 종묘가 가진 건축미학의 높은 완성도는 갖고 있지 못하다. 종묘 정전의 건축공간이 갖는 형이상학적 의미와 조형의지는 천단의 것과 다르다. 그들이 할 수 있는 것과 우리가 할 수 있는 것을 알 때 천단의 참모습을 아는 것이다.

성 바씰리 사원

러시아 건축 최고의 걸작 성 바씰리 사원은 서양건축사의 흐름과 러시아의 문화가 어우러진 건축으로, 사람의 움직임에 따라 다르게 느껴지는 동적 미학을 성취한 조각적 건축이면서 아름다운 색채로 이루어진 회화적 건축이기도 하다. 형태와 크기가 다른 아홉 개의 탑이 빚어내는 절묘한 조화가 훌륭한 동적 균형의 공간을 창출한다.

성 바씰리 사원 들여다보기

끄렘린(Kremlin) 광장 동남쪽에 위치하며 모스끄바를 상징하는 성 바씰리(Vasily) 사원은 러시아 제국의 이반 대제가 200여 년간 이곳에 군림한 몽골족 카잔한을 물리친 기념으로 만들어 1561년에 완성하였다. 건설 당시 바씰리라는 수도사가 기거하다가 1588년에 북동쪽의 별관에 묻혔는데, 그 이름을 따서 성 바씰리 사원이라 부른다.

비잔띤 양식의 건축은 러시아에서 지역적 전통을 반영하면서 독자적인 양식으로 발전하였다. 성 바씰리 사원은 6m 높이의 아케이드[1]가 기단이 되고 그 위에 아홉 개의 탑이 올려졌는데, 47m 높이의 팔각탑을 중심으로 네 개의 중간 크기 탑이 둘러싸고 그 사이에 네 개의 작은 탑이 위치한다. 탑들은 각기 다른 형상을 지닌 양파 모양의 돔 지붕을 갖고 있으며, 중앙탑은 아름다운 비잔띤 문양이 조각된 원추형의 지붕이다. 바씰리의 아홉 개 탑은 전체로 하나인 동시에 각각이 독특한 형상을 지니면서 서로 조화를 이루는 형식을 보여주는데, 이러한 조화는 끊임없이 새로운 긴장감을 창출한다.

1 arcade / 아치를 기둥 위에 연속적으로 가설한 공간.

모스끄바 시가지는 모스끄바 강에 면한 끄렘린을 중심으로 환상형으로 계획되었으며, 끄렘린과 붉은 광장 그리고 성 바씰리 사원은 모스끄바의 상징적 중심이라고 할 수 있다.

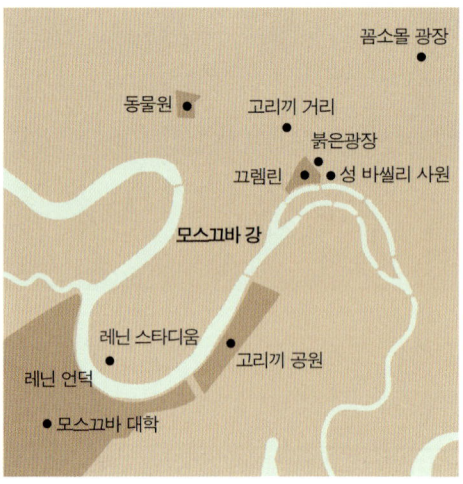

평면은 여덟 개의 꼭지점을 가지는 별모양으로 중앙에 사각형의 방이 있고 중심축상에 있는 팔각형 탑과 네 모서리에 있는 하트 모양의 탑으로 구성된다. 독립된 공간인 아홉 개의 탑은 회랑과 계단으로 연결되어 있으며, 벽면은 이슬람 양식의 꽃과

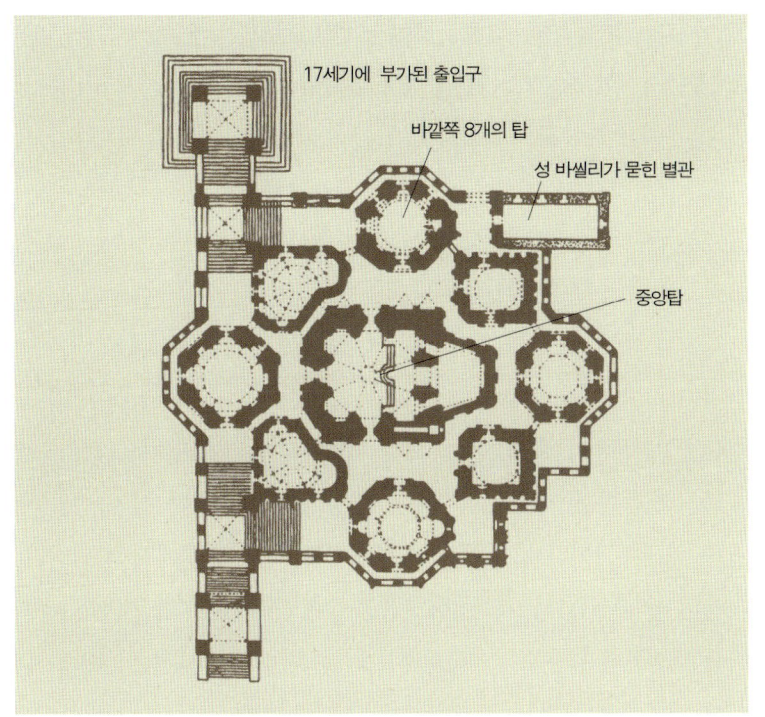

성 바씰리 사원의 평면도. 중앙탑을 둘러싸고 있는 여덟 개의 탑 바깥으로 성 바씰리가 묻힌 별관이 보인다.

기하학적 문양, 성서의 내용을 담은 프레스꼬화, 비잔띤 양식의 모자이끄 등으로 장식되어 있다. 17세기에 남동쪽으로 삼각형 지붕의 종탑이 증축되고, 남북에 두 개의 출입구가 만들어졌다. 16세기에는 붉은 벽돌이 주재료였으나 17세기에는 좀더 밝은 색조를 띠는 미술적 장식이 첨가되었다.

러시아의 감수성이 만든 비잔띤 최고의 건축, 성 바씰리 사원

　모든 문화는 아름다움의 문화다. 아름다움에 집착하지 않는 시대나 사회는 없다. 예술형식으로서의 건축은 어떠한가. 아름다움이야말로 건축을 역사에 남게 하는 요소이다. 건축의 아름다움은 무엇인가. 아름다운 건축은 유기체처럼 대부분 대칭적이다. 그러나 성 바씰리 사원은 비대칭적이다. 건축의 아름다움은 정지된 순간에서 시작한다. 그러나 성 바씰리 사원의 아름다움은 움직임 속에 있다. 건축의 아름다움은 절제와 단순함 속에 있다. 그러나 성 바씰리 사원은 현란한 색채와 형태의 수사학 속에 다채로운 공간의 아름다움을 과시한다. 외세를 몰아낸 러시아인의 기념비로서, 러시아의 감수성으로 재탄생한 비잔띤 양식 최고의 건축으로서, 그리고 무엇보다 역사상 어떤 건축도 실현하지 못했던 역동적 긴장을 이룬 건축미학으로서 성 바씰리 사원은 끄렘린과 함께 모스끄바의 상징이 되어 있다.

　모스끄바를 말하면 누구나 끄렘린과 성 바씰리 사원을 생각한다. 러시아는 본래의 것과 외래의 것을 하나로 만들어 스스로의 것으로 하는 강인한 자기중심의 땅이다. 끄렘린은 이딸리아의 건축가들이 지은 것이고 옛 러시아 건축은 비잔띤 문명의 한 아류였다. 그러나 성 바씰리 사원은 러시아가 아니면 내놓을 수 없는 것을 보여준다.

　시각의 움직임에 따라 다르게 나타나는 변화의 공간은 상징의 원형

붉은광장 중앙에 레닌 묘가 보이며 오른쪽에 끄렘린, 왼쪽 위에 성 바씰리 사원이 있다.

으로 끊임없이 회귀한다. 성 바씰리 사원의 아름다움은 단순한 시각적 아름다움이 아니라 인간과 건축공간 사이의 교감에서 오는 동적 미학을 바탕으로 한 시학적 아름다움이다. 성 바씰리 사원은 마음 깊은 곳에서부터 신과 인간, 자연과 역사에 대한 깨달음을 일으킨다. 그것은 건축사의 반복을 극복한 위대한 건축미학에서 생겨나는 깨달음 같은 것이다.

 짙은 잿빛 하늘이다. 오늘은 붉은광장에 하루 종일 있으려 한다. 길에는 아직 눈이 남아 있다. 지하도를 건너자 바로 끄렘린의 붉은 성벽을 배경으로 성 바씰리 사원의 환상적 실재가 모습을 드러낸다. 언어의 세계를 넘어선 곳에 서 있는 듯하다. 회랑의 기단 위에 아홉 교회가 독립한 탑으로 서 있다. 아홉 개의 탑이 각각 하나의 완성된 형상이면서 서로가 합쳐져 한 공간을 형성한다. 움직임에 따라 형상이 변화한다. 내부공간이 없는 작은 탑이 동쪽에 덧붙여져 있고 중심탑에 대응하는 나중에 덧지은 팔각탑이 동남쪽에 공간을 확장하고 있다. 팔각의 탑을 중심으로 십자형으로 여덟 개의 탑이 둘러싼 일견 단순한 구성이나, 크기와 높이와 형태가 다른 중앙탑과 여덟 개 탑의 조합이 끊임없는 변환의 형상을 붉은광장에 드러낸다.

더할 수 없는 아름다움이다. 그냥 서 있는 건축이 아니라 사람과 건축 사이에 공간적 장력을 일으키는 혹성 같은 건축이다. 성 바씰리 사원을 바라보는 순간 사람과 사원 사이에는 한 세계가 생성되는 것이다. 사람을 매혹하는, 자기의 공간 속으로 끌어당기는 살아있는 장력을 느끼게 한다. 위대한 예술 앞에 서면 사람은 내부로부터 흔들린다. 성 바씰리 사원은 우리를 역사의 시간, 설화의 공간으로 끌고 간다. 이것이 위대한 건축이다. 이런 것을 만들 수 있어야 한다.

비잔띤 장식미술이 화사한 성 바씰리 사원 내부.

성 바씰리 사원의 공간에 빠져든다. 아름답다는 말로 부족하다. 모든 것이 이곳에 있다. 엄정한 기하학과 자유분방한 유기체적 혼돈, 구조공학적 완전성과 구조적 파격, 주변과의 조화와 유아독존, 역사의 증언과 고발, 신의 세계와 인간의 세계 등 양립할 수 없는 두 가지를 하나로 묶고 있다. 뜨거운 것과 찬 것을 함께 있게 하는 중용의 지혜가 건축언어로 실현된 것이다.

내부공간으로 들어서면서 건축적 완전성은 더욱 심화된다. 구조와 공간과 건축적 표현이 혼연일체를 이룬다. 내부공간을 가득 채운 그림과 공간이 하나이다. 다보탑과 석굴암과 에밀레종이 갖는 복합과 단순의 합일, 기하학적 질서와 유기적 질서의 하나됨이 좀더 큰 공간규모로 아름답게 형상화되어 있다. 건축가 뽀스뜨닉 야꼬블레프 (Postnik Yakovlev)와 바르마(Barma)의 천재에 깊은 감동을 느낀다. 무력감 대신 야심에 찬 희망을 느낀다. 건축은 이럴 수 있다. 역사를 인류의 상형문자로 만들 수 있는 일을 하고 있다는 것이 자랑스럽다.

성 바씰리 사원을 만든 그들의 참다운 천재는 서양건축사의 큰 흐름과 러시아의 전통을 하나의 위대한 공간으로 구현한 데 있다. 가장 러시아적이며 세계적인 인류의 유산을 만든 것이다. 가장 민족적인 것이나, 가장 세계적인 것만으로는 위대한 것을 이룰 수 없다. 두 가지가 하나일 때 창조가 시작되는 것이다. 성 바씰리 사원에 서서 가슴 구석구석을 휘젓는 감동이 없으면 건축가가 아니다. 여기서 러시아 문명의 형상언어와 그리스정교의 정신세계를 읽을 수 있어야 한다.

광장을 길게 가로질러 걷는다. 붉은광장을 둘러본다. 끄렘린과 대형 쇼핑쎈터인 굼(Gum) 사이 폭 130m와 역사박물관과 성 바씰리 사원 사이 695m로 이루어진, 네 건물로 둘러싸인 대광장이다. 고대 로

모양이 다른 아홉 개의 탑 하나하나가 빛을 받아 드러나면서 수십, 수백 가지의 모습으로 변주되는 성 바씰리 사원의 야경.

마 시대에는 포룸이었다가 이후 수백년 동안 가장 큰 시장이었던 이곳이 러시아 전역으로 이어지는 길의 중심이 된 것은 15세기부터이고, 19세기부터 아름답다는 뜻의 러시아어인 끄라스나야(Krasnaya) 광장으로 불리기 시작했다. 도서관에 가서 성 바씰리 사원에 대해 좀

더 많은 것을 보고 싶다. 옛 모스끄바의 지도와 붉은광장의 도면과 성 바씰리 사원의 도면을 찾아보자.

골동상에 가서 50년 전에 나온, 성 바씰리 사원이 그려진 엽서를 샀다. 나뽈레옹이 퇴각하던 해의 모스끄바 지도가 있었으나 너무 커서 가져올 수 없어 포기했다. 도서관에서 복사본이라도 찾아보아야겠다. 이번에는 런던의 지도서점에 꼭 들르도록 하자. 서점이 있다 해서 2km를 걸었다. 간신히 모스끄바 안내책자를 살 수 있었다. 오늘 밤은 붉은광장에서 지내려 한다. 밤이 되면 불에 비추어진 성 바씰리 사원을 볼 수 있을 것이다. 주변 건물이 어둠에 묻히면 지어졌을 당시의 모습이 나타날 것이다. 서울을 떠나기 전에 무리를 했더니 피로가 뒤늦게 몰려오는 모양이다. 호텔로 돌아온다. 침대에 눕자 깊은 잠에 빠진다. 한 시간 가량 자고 나자 잠시 정신이 맑아진다.

창밖에 눈이 거칠게 흩날린다. 4월 첫날 눈발 사이를 걷는다. 눈발 사이로 어둠이 밀려온다. 어둠이 서서히 붉은광장 위로 내려앉는다. 눈보라가 거칠다. 걷기가 힘들 정도의 강풍이다. 사방에서 하나 둘 불을 밝힌다. 성 바씰리 사원을 향한 빛이 밝혀진다. 아홉 탑이 어둠 속에 서서히 스스로의 공간을 드러내면서 거대한 형상의 울림이 광장으로 번져온다. 말할 수 없이 감동스러운 시간이다. 나와 성 바씰리 사원이 어느 사이 하나가 되고 있다. 내가 열 번째의 탑이 된다. 천천히 주위를 돌아본다. 문득 450년 전으로 돌아간다.

끄렘린과 성 바씰리 사원만이 빛 속에 있다. 탑 하나하나가 자기를 드러내면서 수십 수백 가지의 모습으로 나타난다. 형태와 공간의 아름다운 교향악이 빛 속에 펼쳐진다. 건축은 빛 가운데 존재한다. 빛을 통하여 공간은 스스로를 세상에 드러낸다. 어둠 속에서 빛으로 실현되는 형상의 원리를 짙게 체험한다. 성 바씰리 사원이 어둠의 빛 속에 시간을 초월한 공간의 아름다움을 새롭게 드러낸다. 건축공간에서 재료와 색채가 갖는 어휘의 깊이를 실감한다. 눈발이 거칠게 얼굴을 휩싼다. 450년을 기다렸다가 다시 실재의 모습으로 이루어지는 드라마를 보는 듯하다. 예기치 않던 건축의 다른 정경을 보았다.

이런 날은 술을 마시고 싶다. 한 시간 넘게 눈 날리는 붉은광장을 거닌다. 20층 스카이라운지로 가서 붉은광장과 끄렘린을 내려다보며 캐비아를 안주로 보드까를 마신다. 피곤하지만 행복한 밤이다.

제3부

삶의 공간

포로 로마노

고대 로마의 장터였던 포로 로마노가 로마의 중심구역이 된 것은 뽀에니 전쟁 이후인 기원전 2세기였다. 아우구스뚜스 황제에 의해 포로 로마노는 로마 제국의 안보·종교·상업의 중심이 되었지만 제국이 꼰스딴띠노뽈리스로 이전하면서 서서히 폐허가 되어 중세에는 목초지로 변했다. 20세기 초 체계적인 발굴이 이루어지기 시작하여 옛 모습이 드러나고 있다.

포로 로마노 들여다보기

그리스인들이 유기적 통합체에서의 개체적 삶을 추구하고 그에 맞는 도시를 건설한 반면, 로마인들은 집단적 삶과 기능을 우선으로 하는 도시를 건설하였다. 다른 도시국가와의 끊임없는 긴장을 감당해야 했던 그리스는 불안정해 오래 지속되지 못했지만, 지방자치를 통치원리로 한 로마 제국은 유례없이 안정된 체제를 유지했다. 고대 로마의 도시는 하나의 통일된 도시라기보다 나름대로의 질서체계를 가지는 건물군들의 집합체였다. 각각은 기능에 적합하도록 계획되어 주변과 연계되며, 전체는 완전한 각 요소들의 집합이다. 도시가 성장함에 따라 건물군간의 경계가 좁아지게 되는

일곱 언덕에서 발전한 로마 제국은 기원전 4~7세기경 쎄르비우스 성벽을 경계로 성장하였고 1세기경에는 아우렐리우스 성벽으로 도시 영역을 확장한다.

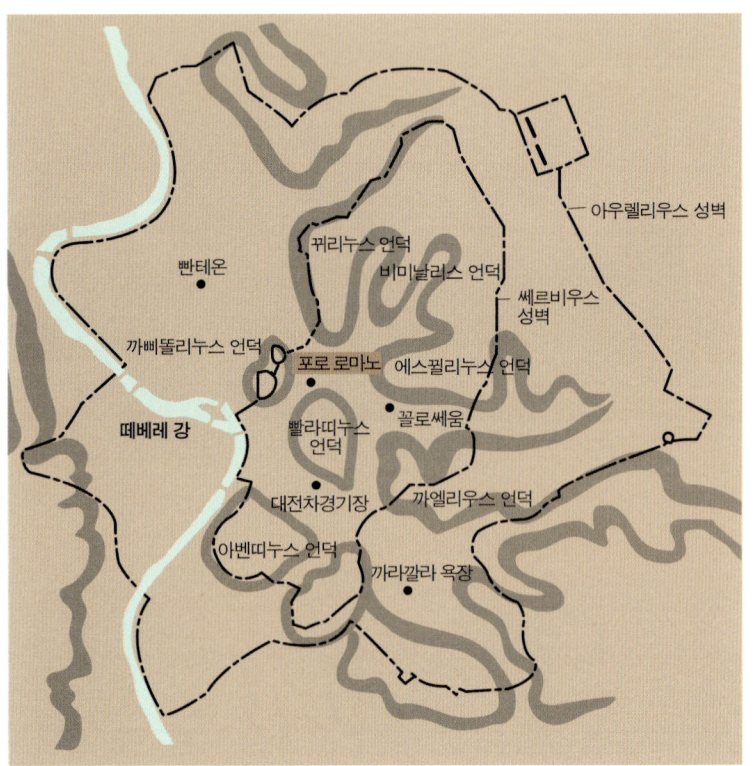

데 새로운 건물군은 적절한 규모로 조정되면서 기존 구조와 맞물린다.

가장 오래된 공공광장인 포로[1] 로마노(Foro Romano)는 로마의 중심으로 원로원, 재판소, 신전, 상점과 옥외공간이 복합된 대규모 공공단지로 성장하였다. 도시에서 질서와 논리를 우선적으로 추구했던 로마인들은 다섯 개의 광장을 계획하면서 인접하는 건물간에 축이 직교하도록 조합하는 새로운 배치를 도입한다. 광장 중앙에는 수레의 통행이 금지되고 모든 도로의 시발점인 '황금의 이정표'가 서 있었다. 영국에서 이집트에 이르기까지 로마가 지배하는 각 도시는 이를 본따서 건설되었다.

포로 로마노는 원래 빨라띠누스 언덕, 까삐똘리누스 언덕, 에스뀔리누스 언덕 사이에 위치하는 황량한 습지였는데, 따르뀌니우스 쁘리스꾸스(Tarquinius Priscus) 황제가 매립한 후 완벽한 배수체계를 갖추었다. 초기에는 매매와 교역의 장소였다가 이후 통치자가 선출되고 종교의식과 재판이 이루어지는 가장 중요한 장소로 바뀐다. 뽀에니 전쟁 후 기원전 2세기경 바질리까와 신전 들이 재건되고 도시의 중심가로망이 완성되는 등 새로운 면모를 갖추게 된다. 아우구스뚜스(Augustus) 황제에 의해 포로 로마노는 도시의 안보·종교·상업 중심지가 되고, 한때 권력이 다른 지역으로 이동하기도 했으나 막센띠우스(Maxentius)와 꼰스딴띠누스(Constantinus)의 통치하에서 최고의 권위를 회복한다. 로마 제국이 쇠퇴하면서 이방인들에 의해 파괴되었으나 초기 기독교 신자들이 교회를 세우면서 성소가 되기도 했다. 그러나 시간이 흐름에 따라 폐허로 변했고, 중세에는 소나 양을 먹이는 목초지로 바뀌었다. 수세기 동안 잊혀졌던 포로 로마노는 20세기 초부터 현재까지 계속되는 체계적인 발굴을 통해, 로마 제국 도시공간의 기본적인 틀을 단편적으로 보여주고 있다.

[1] 라띤어로는 forum. 오늘날 흔히 쓰이는 '포럼'의 어원이다.

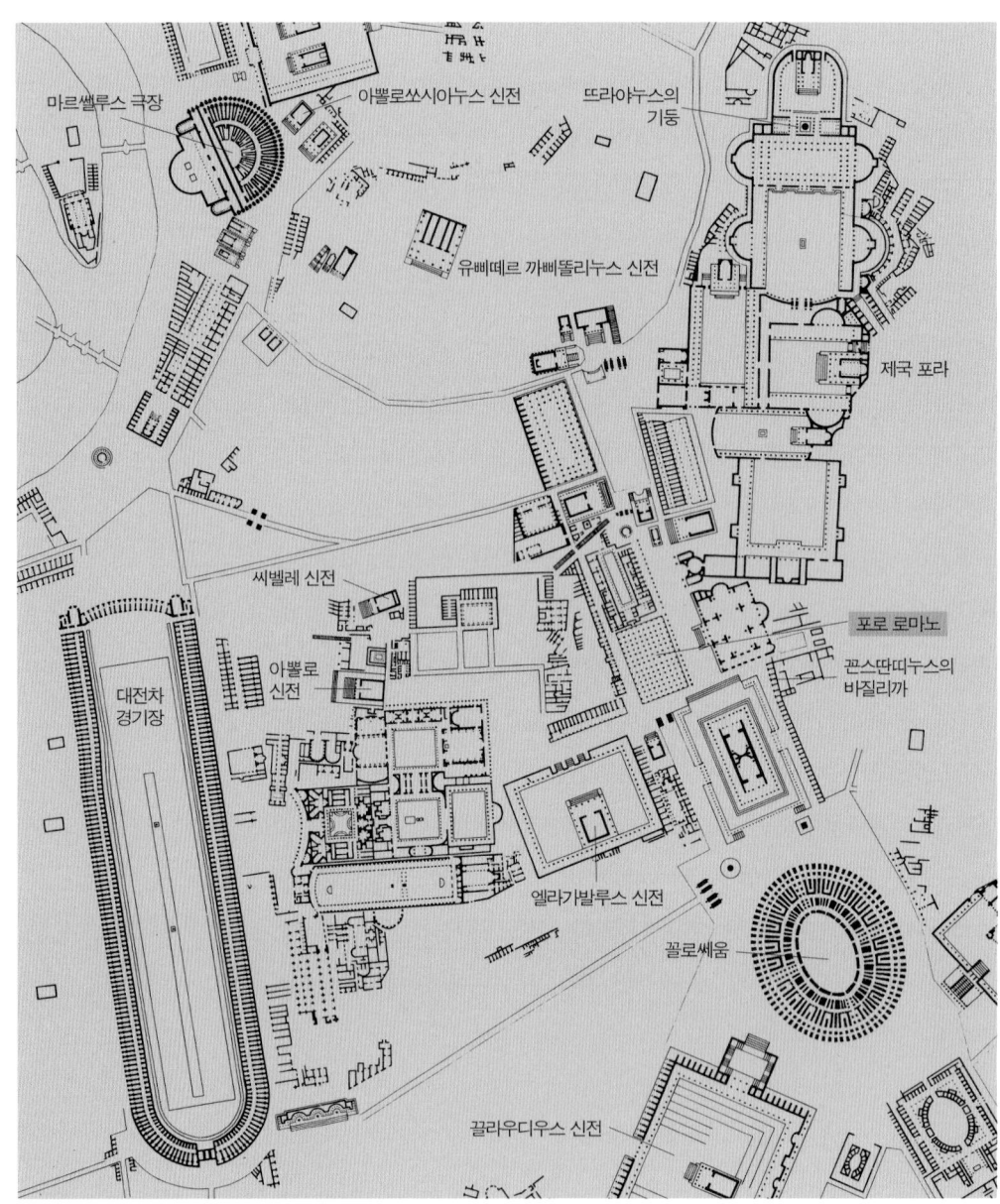

포로 로마노 지도. 가장 오래된 공공광장인 포로 로마노는 로마의 중심으로서 원로원, 재판소, 신전, 상점과 옥외공간이 복합된 대규모 공공단지로 성장하였다.

찬연한 로마 문명의 심장부, 포로 로마노

　로마에 가면 갈 곳이 너무 많다. 그러나 빤테온과 꼴로쎄움과 까따꼼베를 보지 못하고 바띠깐을 지나쳐도, 포로 로마노에 갈 수 있으면 로마를 본 것이다.

　고대 로마는 현대의 기준으로 보아도 큰 도시다. 산업혁명 이전까지 유럽의 어떤 도시도 로마만하지 않았다. 유례없는 큰 도시였으므로 여느 도시와는 다른 조직이 필요했고 고밀도 집합주거가 있었으며 외곽으로의 도시 확대가 일어났다. 많은 사람들을 함께 살게 하기 위해서 다양한 법률과 제도가 뒤따랐다. 100만이 넘는 인구를 통제하는 일은 고대 도시에서는 엄청난 일이었다. 로마는 단순한 대도시가 아니라 제국의 수도로서 지방정부와 중앙정부가 공존하는 도시였으므로 광범위한 의미의 도시계획이 시행되었다. 주택이나 대중교통 문제보다 도시의 문화 인프라가 도시계획의 주과제였다.

　로마 건국의 아버지 로물루스가 만든 이 도시는 바다로부터 24km 떨어진 떼베레 강 기슭에서 시작되었다. 공화정 당시 로마는 쑤부라, 에스뀔리나, 까엘리나, 빨라띠나의 네 지역으로 나뉘었고, 까뻬똘리나는 중심 구역이므로 워싱턴 시처럼 조직에서 제외되었다. 포로 로마노는 바로 이들 한가운데 있는 고대 로마의 중심 공간이었다.

　처음 포로 로마노에 들어설 때는 당황하였으나 폐허의 윤곽을 알게

포로 로마노에서 흘러내리는 물길이었던 옛 성벽. 떼베레 강에 있다.

되면서 빠져들기 시작했다. 여태까지 내가 알고 있던 로마에 대한 어떤 책들보다 폐허의 모습이 큰 느낌을 주었다. 로마에 가면 시간이 나는 대로 까삐똘리누스 언덕의 폐허에 앉아 옛 로마를 상상한다.

로마에 갈 때마다 고대 로마와 옛 경주의 모습이 비슷하다는 것을 느낀다. 로마의 일곱 언덕과 경주의 다섯 산, 떼베레 강과 형산강, 지중해와 동해가 하나로 느껴진다. 둘 다 1000년을 지속한 도시였다. 신라의 다섯 산에는 성이 없었으나 로마의 일곱 언덕에는 성벽이 둘러싸인 차이가 있을 뿐이다. 일곱 언덕은 기원전 6세기 쎄르비우스 뚤리우스(Servius Tullius) 때 쎄르비우스 성벽으로 둘러싸였다. 일곱 언덕과 떼베레 강을 마음으로 연결시킬 수 있으면 옛 로마를 조금씩 알 수 있게 된다. 포로 로마노 서쪽이 까삐똘리누스 언덕, 북쪽에서 동쪽으로 뀌리누스, 비미날리스, 에스뀔리누스, 까엘리우스 언덕이 차례로 이어지고 남쪽에 빨라띠누스 언덕과 아벤띠누스 언덕이 있다.

포로 로마노와 인접한 두 언덕은 신들의 거처로 알려진 까삐똘리누스 언덕과 로물루스가 거처를 정한 이후 황제와 명문 귀족의 거처가 된 빨라띠누스 언덕이다. 로마의 언덕은 얕은 구릉이 서로 이어져 있어 고지대는 주거지가, 저지대는 공공장소가 되었다. 저지대에는 포로 로마노와 대경기장이 세워지고 떼베레 강가에는 선착장과 시장이 생겨났다. 떼베레 강에 가면 포로 로마노로부터 흘러내리는 물길이었던 옛 성벽을 볼 수 있다. 로마인들은 다신교도이므로 신들의 거처인 까삐똘리누스만으로는 부족하여 포로 로마노에도 상당수의 신전이 들어섰다. 포로 로마노 도처에 신전의 자취가 흩어져 있다. 로마의 기후조건 때문에 상류층은 빨라띠누스 언덕을 비롯한 다섯 언덕에 모여 살고 서민들은 일곱 언덕 아래 집을 짓고 살았다. 한편 몰락한 귀족과 중산층의 서민들이 집중적으로 모여 살던 곳이 포로 로마노와 맞닿아 있는 도심주거지인 쑤부라였다. 로마의 도심 속의 도심인 포로 로마노에 거처를 가질 수 있는 사람은 최고 제사장뿐이었다. 쑤부라에는 율리우스 까이사르[2] 의 집도 있었다 하나 찾지 못하였다.

로마의 일곱 언덕과 떼베레 강 그리고 도심 주거지 쑤부라를 종일 걸어보았다. 세계의 수도였던 로마의 중심인 포로 로마노에 옛 지도를 들고 다닌다. 지난 두 해 동안 고속전철의 경주 통과 노선 때문에 천년도시 경주의 옛 지도를 그리려고 노력하였다. 천년도시 로마의

2 Julius Caesar(BC 100~BC 44) / 로마의 군인이자 집정관. 제1차 삼두정치체제를 수립하고 내란 끝에 독재관이 되었으나 공화정 옹호파에게 암살당함.

대전차경기장 복원도.

어제와 오늘을 비교 연구하면서 포로 로마노를 건축적 관심보다 도시적 관심에서 더 깊이 들여다보게 되었다.

  당시의 정치와 경제를 모르고서는 도시를 알 수 없다. 로마의 공화정시대는 까이사르가 암살된 기원전 44년까지 지속되었고, 초기 제정시대는 285년에, 후기 제정시대는 476년 서로마제국의 멸망으로 끝나고 이후 포로 로마노는 역사에 묻히고 말았다. 2세기 당시 로마 제국은 지구상에서 가장 아름다운 문명의 땅이었다. 고대 로마는 자유정치체제로, 로마 원로원이 주권의 소유자로서 정부의 모든 행정권한을 황제에게 위임하고 있었다. 로마의 주요 정복은 공화정시대에 이룩되었으며 제정시대의 황제들은 이 영토를 보존하는 데 만족하였다. 7세기 동안 계속된 개선 이후 아우구스뚜스는 정복지를 로마화하는 데 힘쓰기 시작한다. 로마의 위대함은 정복의 속도나 범위 때문이 아니었다. 그들은

폐허로 남은 포로 로마노 중심부(위)와 그것을 원래의 상태로 복원해본 그림(아래).

점령지를 법에 의해 통일하고 예술적인 도시계획으로 다듬었다. 로마의 확고한 권력체제는 시대적 지혜에 의해 이룩되고 보존된 것이다.

　기본적 사회단위로서 로마의 가족은 구성원간에 강력한 연대감과 책임감을 가지며 가부장의 권위는 절대적이었다. 그들은 공동의 일에도 민감했으나 그리스의 민주적 전통과는 반대로 위에서 아래로 전달되는 형식이었다. 로마인들은 섬세함보다 지속적인 힘을, 아름다움보다는 육중함을, 상상보다는 사실을 중시하였다. 로마인은 감상에 젖지 않는 사물의 창조자로서 현실에 뿌리내린 사람들이었고, 포로 로마노는 그런 로마인의 특징이 그대로 나타난 도시공간이다. 아끄로뽈리스 언덕과 포로 로마노의 도시 구성과 건축미학의 다름 속에 그리스 문명과 로마 문명의 다름이 있다.

포로 로마노는 최초의 황제 아우구스뚜스 때 기본이 완성되었는데, 당시 로마의 인구는 대략 100만이었다. 급속한 도시집중에 따른 도시 하부구조를 감당하기 위해 아우구스뚜스는 로마를 포로 로마노를 포함해서 14구역으로 나누었다. 로마의 유적과 당시의 기록을 통해 천년도시 로마를 더듬는 일은, 옛 도시 위에 신도시가 세워진 로마의 다른 지역에서는 서지학적 접근으로만 가능하나 포로 로마노에 오면 모든 것이 현실의 공간으로 남아 있다. 포로 로마노에 갈 때는 기번의 『로마제국쇠망사』를 들고 간다. 뜨라야누스의 시장이나 까라깔라의 욕장에 앉아 아우구스뚜스 시대를 읽으면 문득 옛 로마 제국의 모습을 느낄 수 있다. 삐라네시[3]의 동판화와 로마의 옛 지도가 있으면 더 많은 것을 볼 수 있다.

배가 고프면 바로 앞 식당으로 간다. 지난 2000년 동안 옛 로마는 5m 이상 침강해 로마와 포로 로마노는 5~8m 차이가 생겼다. 그래서 로마의 길에 서서 포로 로마노를 내려다볼 수 있다. 식당에서 로마인들이 즐겼다는 요리를 시키고 로마의 와인을 마신다. 낮술이 익숙하지 않은 나는 쉽게 몽롱해진다.

로마에 올 때마다 포로 로마노를 찾았다. 빨라띠누스 언덕, 까삐똘리누스 언덕에서 내려다보기도 하고 도서관에서도 바라보았다. 하루 종일 옛 로마를 걷기도 했다. 다시 까이사르와 뽐뻬이우스(Pompeius)와 끄라쑤스(Crassus)가 걷던 거리를 걷는다. 포로 로마노를 마음의 눈으로 복원하며 걷는다.

3 Giovanni Battista Piranesi (1720~78) / 이딸리아의 건축가이자 화가.

가르 다리

로마인들은 맑은 물을 얻기 위해 먼 수원지로부터 거대한 토목구조물을 통해 물을 끌어왔다. 가르 계곡을 가로지르는 물의 다리 가르는 로마의 식민도시 님에 물을 공급하던 생명의 다리로, 폭풍과 공생하는 구조를 통해 2000년 넘게 본래의 모습을 유지하고 있다. 아무도 다니지 않는 심산유곡에 최고의 미술형식으로 만들어진 이 수로에 로마인들은 찬란한 문명을 담았다.

가르 다리 들여다보기

고대 로마의 수도사정은 현대의 서구도시들보다도 더 나았던 것으로 관련 책들은 전한다. 황제 직속으로 진행된 로마의 물공급 사업은 단순히 물을 공급하는 차원이 아니라 도시의 위생과 안전에도 관련된 문제였다. 물공급이 증가하면서 위생상태가 개선되어 도시는 훨씬 깨끗하고 공기는 더욱 신선해졌다.

이러한 수로사업은 시대적으로 공화정시대와 황제시대로 나누어볼 수 있다. 로마는 원래 떼베레 강과 샘물이나 우물을 통해서 물을 자급했는데 공화정시대에 수요가 늘어나 로마 외부로부터 물을 끌어오는 것이 불가피하게 되었다. 공화정시대에 수로는 모두 네 개가 건설되었는데 바로 아꾸아 아삐아(Aqua Appia)와 아꾸아 떼뿔라(Tepula) 그리고 아니오 베뚜스(Anio Vetus)와 아꾸아 마르끼아(Marcia)였다. 수로건설의 책임은 원칙적으로 감찰관에게 있었으며 감찰관은 수로의 보수공사 및 유

론 강에 접해 있는 오랑쥬, 아비뇽, 님, 아를 등에는 고대 로마 도시의 흔적이 많다. 로마의 도시들은 일정한 규모와 형태를 지니며, 공공시설과 극장·경기장 등 여가를 위한 시설 및 이를 보조하기 위한 인프라를 갖추었다.

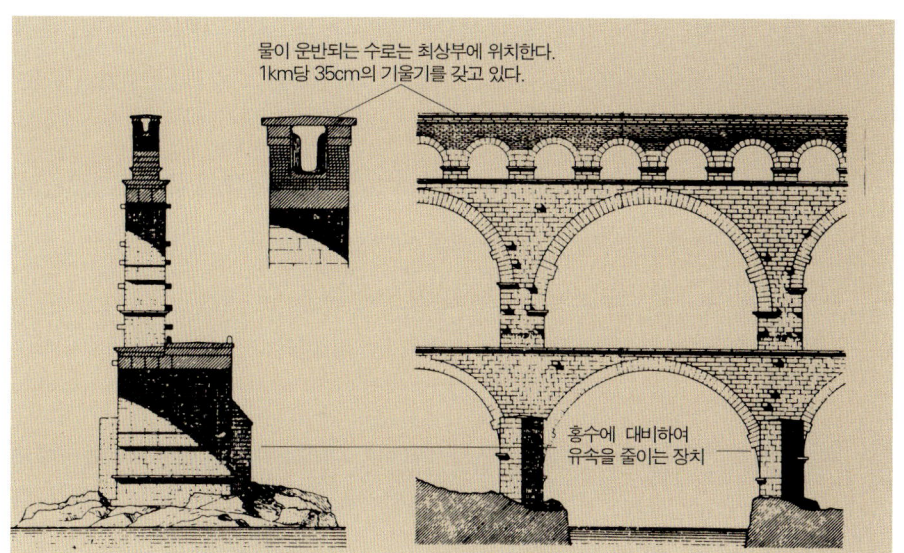

가르 다리의 단면과 입면도. 제일 높은 곳의 작은 아치 위에 수로가 있고 커다란 두 개의 아치 사이에 강을 지나는 사람의 길이 있다.

지·관리 그리고 충분한 물공급에 힘썼다.

황제시대, 즉 제국이 건설된 후 기존의 공화정시대에 만들어진 네 개의 수로 외에 율리아(Julia)와 비르고(Virgo) 그리고 알씨에띠나(Alsietina)와 아우구스따(Augusta)가 건설되었다. 당시의 물공급 상태는 상당히 풍족한 편이어서, 수로를 통해 도시로 공급되는 물은 강이 도시를 통해 흐르는 것과 같다고 표현할 수 있을 정도였다. 이 물은 247개의 저수지에 저장되었다가 용도별로 배급되었다.

로마인들은 이와같이 수로를 통한 급수체계를 개발하여 도시계획에 결합했다. 일반적으로 물은 수원지에서 도시로 낙차에 의해 운반되기 때문에 경사진 연속수로가 필요하였으며, 길이가 50마일이 넘는 수로도 있었다.

로마 제국의 도시들은 로마와 마찬가지로 가까운 수원지로부터 수로를 이용해 물을 공급받았는데 그 일부가 현재까지 남아 있다. 님(Nîmes) 근교의 가르(Gard) 다리는 프랑스 남부 지중해 연안의 고대 로마 유적으로 길이 275m, 높이 49m의 3층 구조이며, 2000년이 지난 지금까지 거의 완전한 모습을 보존하고 있다. 물을 운반하는 석조 수로는 1km당 35cm의 기울기를 갖고 있고, 강을 가로질러 다리처럼 놓여 있는 중앙 아치의 간격은 19.2~24.5m이다. 아래쪽의 아치 기둥은 유속을 줄이는 장치를 갖고 있어 수압으로 인한 하중을 덜 수 있다.

    이 다리는 로마의 공학이 만들어낸 대표적인 수로구조물 중 하나로, 2톤 이상의 석괴들을 모르타르를 사용하지 않고 40m가 넘는 높이로 구축하였다. 수로가 설치된 맨 위의 작은 아치들은 그 밑의 아치 하나당 세 개 혹은 네 개씩 짝을 지어 서 있어 활기있는 리듬을 만들어내며, 이는 로마 건축의 실용적이면서도 미적인 모습을 보여준다.

    이 수로의 완성으로 님의 주민들에게 하루 100갤런의 물이 공급되었으며, 이러한 시설은 로마의 지배하에 들어온 종족들에게 로마인이 됨으로써 얻게 되는 문명적 혜택을 상기시켜주었다.

도시로 흐르는 물의 길,
가르 다리

　반년 만에 다시 온 아비뇽(Avignon)은 다른 도시가 되어 있다. 역사도시 아비뇽이 세계연극제를 개최하는 현대도시가 되어 있는 것이다. 도처에 설치된 현수막과 가설상점이 고풍의 옛 도시를 바쁜 현대도시의 와중으로 끌어왔다. 세계연극제 거리 한가운데를 자동차가 경적을 울리며 간다. 바로 성 밖이 철도역이다. 이만한 규모의 도시면 철도역 주변에 자동차를 세우게 하고 성벽 안에서는 대중교통만 이용하게 할 수 있을 터인데 차들이 성곽도시 안을 비집고 다닌다. 자동차는 자동차 도시인 로스앤절러스 이외에서는 도시를 다치게 할 뿐이다.

　길가 레스또랑에 앉아 점심을 먹는다. 메뉴를 읽을 수 없으니 룰렛하는 기분으로 정한다. 낮엔 공연이 없으므로 다들 일없이 도시를 다닌다. 연극제의 도시가 연극만으로 이루어질 수는 없는 것이다. 현장이 아닌 곳에 있는 사람에게는 밖으로 드러나는 주제만 보이게 마련이지만 정작 현장에서는 주제보다 오히려 축제의 시간이 더 크고 지배적이다.

　연극협회가 한국에서 세계연극제를 시작하려고 했을 때 의왕시에서 수원, 과천과 함께 유치 경쟁을 벌인 적이 있었다. 세계연극제를 의왕에서 하려고 한 동기는 백운호수로부터 계원예술전문학교에 이르는 4km의 거리를 축제의 거리로 조성하고 갈뫼에 1만 5000 인구의 문화 인프라가 마련된 예술인의 도시를 조성하여 세계적인 축제의 도시를 만들려는 생각에서였다. 서울 외곽의 신도시들이 주거단지형 도시여서 어디엔가 이들을 하나로 모으는 공동의 도시구역이 필요하였으므로 의왕에 세계연극제 거리, 축제의 계곡과 예술인 도시를 기획했던 것이다.

밤늦게까지 공연이 진행되고 공연 후 잔치가 이어져 제대로 잠을 자지 못하였으므로 낮에는 다들 자는 모양이다. 아직 아비뇽에는 아무 일도 일어나고 있지 않다. 가르 다리를 가보기에 좋은 시간이다. 세 시간이면 다녀올 수 있다. 2000년 전의 시간과 공간으로 가기 위해 아비뇽을 빠져나간다. 성곽 바깥에는 더 큰 아비뇽의 마을이 있다. 벌판을 달린다. 프로방스(Provence)의 들판은 쎄잔느(Cézanne)를 생각하게 한다. 평생을 프로방스에 묻혀 산 그의 그림 앞에 서면 프로방스의 자연과 사람이 크게 다가온다. 그의 그림에는 깊은 진실과 열망이 가득하다. 그의 위대한 천재성은 보이는 것 이상을 그려낸 것이다.

멀리 숲 위로 가르 다리가 나타난다. 2000년 전의 다리가 푸른 들판 너머 계곡 위에 장려한 모습을 드러낸다. 조적조의 다리가 강 위를 떠서 지난다. 장대한 규모의 3층 아치교가 자연과 하나가 되어 시간과 공간을 초월하여 문득 눈앞에 다가선다. 위제(Uzès)의 수원지 물을 님까지 보냈던, 가르 강 계곡을 지나는 수로의 다리다. 프랑스에서 가장 오래된 로마 제국의 도시 님은 솟아오르는 샘 주위에 형성된 도시다. 그런데도 로마인들은 더 좋은 물을 얻기 위해 무려 50km나 떨어진 위제에서 가르 강 계곡을 지나는, 높이 50m의 거대한 수로의 다리를 세워 하루 2만 톤의 물을 끌어왔다.

도시와 수원지를 잇는 수로의 다리인 가르 다리는 2층 석조아치 위

에 다시 한 층의 석조아치를 결합하여 단순한 수로를 최고의 미학적 구조물로 승화시켰다. 수로를 받치고 있는 2층의 아치와 수로의 아치가 이루는 구조공학적 연출이 필요를 순수의 경지로 끌어올린 것이다. 시작은 단순한 필요였고 장소는 아무도 보지 않는 깊은 산 계곡이었으나 그들은 이곳에 세상에서 가장 아름다운 다리를 만들었다. 계곡 사이의 강과 산과 푸른 하늘을 배경으로 선 수로의 장려한 모습은 마치 한편의 아름다운 서사시와 같은 감동을 일으킨다.

공동의 필요를 예술적 경지의 작품으로 만들 수 있을 때 도시문명이 시작되는 것이다. 21세기는 인류가 당면한 가장 큰 변화인 도시화가 전세계적으로 확대되는 세기다. 더 나은 삶의 질을 상징하는 가르 다리 같은 것이 도시 도처에 구체적 시각형식의 구조물로 나타나야 한다.

가르 강을 가로지르는 아치교 위로 사람이 지나다닌다. 가르 강은 님과 아비뇽의 아름다운 피서지이기도 하다.

사람이 다니는 길, 물류가 지나는 길도 중요하지만 생명의 흐름인 물의 길은 도시의 기본적인 인프라다. 더 좋은 물을 먼 다른 지방에서 끌어오는 일로 해서 그 도시는 공동체가 되는 것이다. 도시의 기본적 인프라인 물의 공급로를 거대한 도시구조로 만들 수 있었던 로마였으므로 아직도 대부분의 유럽 도시에 로마의 유적이 중요한 문화재로 남은 것이다.

로마의 도시가 갖는 큰 역사성은 도시가 시민을 위한, 시민의 것이라는 생각이다. 도시의 건설과 관리는 가장 뛰어난 집단에 의해 최고의 논리와 방식으로 집행되었다. 로마의 도시는 그후 모든 도시의 원형이 되었고, 가르 다리는 로마의 도시가 그리스의 도시보다 자연에 더 깊이 개입했다는 상징적 증표의 하나로 남았다. 신전, 공관, 욕장 등의 공공공간과 시장공간 및 수로, 하수도 등의 도시 기반시설의 정비가 로마의 도시가 갖는 기본적 자세였다. 그리고 그들은 그것을 모두 구체적인 시각형식의 구조물로 나타내었다. 포로 로마노와 아드리아누스 황제가 만든 띠볼리(Tivoli)의 별궁에서 발견되는 로마의 유적들은 이러한 도시 원리를 극명하게 보여주고 있다.

가르 다리는 물의 공급을 위한 기념비적 상징형식이고, 그 아름다움은 스스로의 구조로부터 이루어졌다. 가르 다리가 2000년 동안 원형을 유지할 수 있는 것은 자연과 하나가 된 당대 최고의 구조공학 덕분이다. 홍수와 싸우기보다 친화하는 방식으로 쌓은 교각과 교각 사이를 폭풍이 스쳐가는 2중아치로 연결하고, 그 위에 수로의 아치를 만들었다. 폭풍과 홍수의 물살이 이 다리에 와서는 그냥 스쳐 지나간다. 자연과 공생하는 이러한 구조형식 때문에 피렌쩨의 베끼오 다리, 프라하의 까를 다리 등 1000년 후에 쌓은 유럽 최고의 다리들이

세계 연극제가 한창인 아비뇽 시가 모습.

무너져내릴 때도 그것들보다 더 높고, 더 큰 가르 다리는 아무 손상 없이 견뎌낸 것이다. 2000년이 지나도록 이 다리가 인류의 유산으로 남은 또다른 연유는 좋은 건축재료를 얻기 위해 피라미드와 로마 제국의 건축을 약탈했던 후세의 인간들도 가르 다리의 아름다움을 감히 훼손치 못한 까닭이다.

아비뇽으로 돌아간다. 저녁이 되니 사람들이 붐비기 시작한다. 상가였던 거리가 연극의 무대로 전환한다. 낮의 일상이 서서히 밤의 연극적 상황으로 전이한다. 어둠이 내리면서 불빛이 지상에 새로운 공간을 마련한다. 태양이 주는 빛과 그림자 속에 모든 물상은 하늘로 열려 있다. 그러나 어둠이 밀려와 하늘의 빛이 퇴각하고 인공의 빛이 대신하면서 태양은 인공의 빛 바깥 어둠 속으로 스러진다. 이제부터는 낮의 빛이 아닌 밤의 빛이 만들어내는 세상이다. 연극은 이 밤의 빛 가운데서 시작한다. 낮의 빛은 실체를 드러내지만 밤의 빛은 가상의 현실을 만든다.

관객이 모이면서 무대에는 인간이 만든 또다른 현실이 나타난다.

축제의 시간이 시작되는 것이다. 무대에서 연출되는 가상의 실제는 극본을 기초로 하고 있으나 궁극적으로 인간 자신의 존재형식에서 나오는 것이다. 위대한 연극은 객석의 관객들을 흔드는 힘이 있어야 한다. 모든 사람들 앞에서 기억의 시간을 순간의 실재로 만들 수 있어야 한다. 사람의 마음을 흔들 수 있는 연극인은 한도 없는 사람의 허무와 욕망을 아는 사람이다.

밤거리가 서서히 무르익는다. 연극은 사람을 심적 무중력 상태로 유도한다. 연극 속에서 우리의 마음은 마치 우주인같이 자유로운 공간을 부유한다. 오늘 밤 내내 여기에 있고 싶다. 밤이 스러져가는 새벽의 청람색 하늘의 시간까지 여기 남아서 연극에 삶을 건 사람들의 축제를 지켜보고 싶다. 그러나 오늘 밤 막차로 마르쎄유로 가야 한다. 여기서 올해의 연극축제를 마감하는 수밖에 없다. 내년이 있고 또 후년이 있지 않은가. 이렇게 중도에 떠나는 것도 삶의 한 장면이다.

기차역까지 다들 뛰어간다. 다행히 떼제베(TGV)가 정시에 와서 제시간에 떠난다. 한 시간 후에는 마르쎄유에 도착할 것이다. 해안 식당에서 마르쎄유의 밤 바다 음식을 즐겨보겠다. 아비뇽으로 올 때는 30분을 연착했는데 돌아갈 때는 50분 거리를 세 시간 반 만에 도착한다. 자정이 지나 중앙역에 도착해, 해안의 밤 식사는 고속전철에 치이고 말았다.

싼 마르꼬 광장

베네찌아는 싼 마르꼬 광장과 리알또 다리를 중심으로 이루어진 바다의 도시다. 싼 마르꼬 광장은 한번에 만들어진 것이 아니라 1000년에 걸친 건축의 역사가 모여 이루어낸 세계에서 가장 아름다운 도시공간이다. 바띠깐 광장, 붉은광장, 씨에나 광장 등이 건물로만 둘러싸인 광장인 데 비해 싼 마르꼬 광장은 한편이 바다로 열린, 자연과 건축군이 하나가 된 광장이다.

싼 마르꼬 광장 들여다보기

기원전 1세기경 베네찌아(Venezia)는 로마 제국의 행정구역으로 현재의 베네또(Veneto)와 프리울리(Friuli), 뜨렌띠노(Trentino)를 포함하는 지역이었다. 568년 롬바르디아(Lombardia)인들이 북쪽에서 침입해오자 베네또 지방의 주민들은 6세기에서 7세기에 걸쳐 해안과 섬으로 이주하였다. 베네찌아는 침략자를 피해 개펄을 건너온 피란민 집단에 의해 건설된 것이다. 아드리아(Adria) 해의 거친 물살과 물길로만 연결되는 늪지의 섬들은 운하를 파서 수송로를 건설하기에 적합했다. 11세기부터 곤돌라(gondola)가 이 좁고 느린 물길에 기술적으로 적응하였다.

베네찌아는 중세도시의 이상적 구성을 지금까지도 도시 형태로 유지하고 있다. 베

벙어리장갑을 낀 두 손을 마주잡은 형상의 베네찌아. 대운하 중앙에 리알또 다리가 있고 바다로 열리는 곳에 싼 마르꼬 광장이 위치한다.

베네찌아를 가로지르는 대운하(Canal Grande)가 바다로 이어지는 곳에 있는 싼 마르꼬(San Marco) 광장은 원래 싼 마르꼬의 과수원이었다가 비잔띤 제국의 교회구역이 된 곳이다. 1000여 년 동안 싼 마르꼬 성당 주변은 방어용 탑이 서 있는 목초지였고 그 아래로 운하가 흐르고 있었다. 976년에 성지순례자들을 위한 여인숙이 설립되어 호텔 구역의 효시가 되었으며 12세기 무렵 지금의 모습이 갖춰지기 시작했다. 1176년에 싼 마르꼬 성당이 세워졌고 1180년 옛 종각이 건축되었다. 두깔레 궁은 1300년에 세워지기 시작하였으며 옛 시청은 1520년에 건설되었다. 싼 마르꼬 성당의 신부와 수사 들은 그들의 거주지를 성당 양편에 나란히 지었고, 주변공간은 정치적·종교적 권위의 상징이 됐다. 싼 마르꼬 광장이 지금의 모습과 비슷한 크기와 건축적 형태를 갖추게 된 것은 15세기 말에서 16세기 중반 사이였다. 광장 한쪽에 있는 도서관 건물 자리는 옛 빵집 자리였으며 싼조비노(Jacopo Sansovino)가 설계하였다. 나뽈레옹이 베네찌아를 점령했을 때 싼 마르꼬 성당의 광장 건너편에 르네쌍스 양식의 기존 건물을 헐고 나뽈레옹윙을 건설했다. 나뽈레옹의 퇴각 후 원형을 찾자는 의견이 많았으나 100년에 걸친 토론 끝에 후세에 역사를 더할 수 없다 하여 그대로 두었다. 현재의 광장을 도시미학적 완성체로 만든 ㄷ자 회랑은 1805년에 와서야 완결되었다.

 광장의 형태와 내용은 한 사람의 천재가 아닌 역사와 시간의 산물이다. 싼 마르꼬 광장 주변 건물은 상호연관된 실내외 공간으로 연결되며 강한 자기주장보다는 공생의 건축미학을 보여준다. 광장을 둘러싸고 있는 건물군은 각기 다른 시기에 건립되어 독특한 양식과 모양을 가지지만 각 건물군의 광장 쪽 파싸드[1]는 광장의 통일된 분위기를 위해 비슷한 외관을 유지하고 있다. 각 건물에서 광장에 면하지 않은 외관과 실내의 건축적 구성은 그 건물만의 개성을 살렸다. 광장의 도시 요소로는 시계탑, 꼬레르(Correr) 박물관, 싼 마르꼬 종탑과 광장과 바다와 대운하를 잇는 앞마당인 삐아쩨따(Piazzetta)가 있다.

1 façade / 장식적으로 만들어진 건물의 전면 외벽.

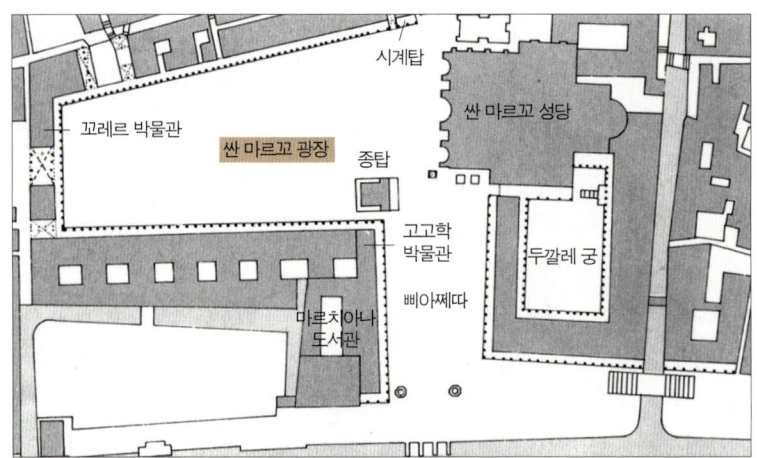

싼 마르꼬 광장의 배치도. 15세기 말에서 16세기 중반 사이에 지금과 비슷한 건축 형태를 갖추었다.

광장의 중심건물인 싼 마르꼬 성당은 예배를 위한 궁전으로 그 건축적 위용을 통해 세상을 교화하려는 의도가 다분하다. 원래 두깔레 궁의 예배당이던 싼 마르꼬 성당의 다섯 개 반구형 돔은 교각 같은 기둥으로 지지되며 명확히 구분되는 각각의 지붕을 가진다. 다섯 개의 주공간에는 이를 둘러싼 부속공간이 있어 완벽한 2중 구조를 이루고 있으며, 내부의 벽면은 대리석 판과 모자이끄로 덮여 있다. 상부는 밝게 빛나는 반면 하부는 어슴푸레한 빛 속에 잠겨 있는데, 이것은 영적 공간에 대한 초기 기독교적 해석방식을 표현한 것이다. 교차하는 축상에 놓인 다섯 개의 돔 하부에는 창이 뚫려 있는데, 그리스도의 교의가 이 세상 전체에 퍼져나간다는 표현이다. 건물의 전면은 다섯 개의 돔과 대응하는 다섯 개의 아치로 구성된다. 예술품과 금박으로 내·외부를 장식하고 다른 부속건물들 사이에서 두깔레 궁과 함께 대조적 위용을 자랑한다.

싼 마르꼬 성당 남쪽의 두깔레 궁은 베네찌아 공화국의 사법부와 행정부 기능을 수행했던 건물이다. 두깔레 궁에는 귀중한 예술품이기도 한 공화국의 막대한 재산이 전시되어 있으며 천장이 현란한 조각으로 꾸며진 넓은 방이 베네찌아 공화국 정부의 부와 권위를 보여준다.

싼 마르꼬 광장이 베네찌아에서 가장 중요한 장소인 것은 싼 마르꼬 광장의 형태가 베네찌아의 모든 지구에 소규모로 재현돼 있는 것을 보면 잘 알 수 있다. 베네찌아는 원래 6개의 근린 주구로 나뉘어 각 지구에 도시의 6개 조합이 자리잡고 있었으며, 주구마다 마름모꼴의 광장이 있고 그 주변에 지구의 교회, 우물, 학교 및 조합사무실이 있었다. 또 150개의 운하는 근린 주구의 경계 역할을 하면서 이들을 연결하는 기능도 가졌다. 베네찌아는 토마스 모어(Thomas More)가 『유토피아』에서 그린 이상도시 아마우로뚬(Amaurotum)에 가장 가까운 중세의 도시다.

싼 마르꼬 광장에서 도시의 가로를 따라 걷다보면 리알또(Rialto) 다리가 나온다. 이 다리는 대운하를 가로지르기 위한 최초의 구조물이었으며, 19세기까지도 수로의 양쪽을 연결하는 유일한 통로였다.

최초의 다리 형태는 배를 연결하여 1172년경에 만들어졌으며, 1200년에서 1260년 사이에 목구조의 다리가 세워졌다. 그러나 이 나무 다리는 1310년 불타버렸고 두번째 다리 역시 1444년 붕괴되었다. 그래서 세번째 다리는 거대하고 튼튼한 기초 위에 건조되었으며, 큰 배가 통과할 수 있도록 중앙부분이 들어올려지게 되었다. 그러나 그다지 좋은 형상이 아니었던 이 다리는 16세기 초 부분적인 복원에도 불구하고 완전히 무너지고 말았다.

세 차례에 걸친 일련의 붕괴 후에 1524년 베네찌아 정부는 이 다리를 석재로 건조할 것을 결정하였다. 1557년 정부는 빨라디오(Palladio), 비뇰라(Vignola), 싼조비노(Sansovino), 스까모찌(Scamozzi) 그리고 미껠란젤로 등 당대의 거장들을 대상으로 재건축을 위한 현상공모를 실시하였다. 그러나 이 계획은 자금 부족과 아치의 수와 형태에 관한 여러가지 이견 등을 이유로 끝없이 미루어졌다. 1588년 마침내 안또니오 다 뽄떼(Antonio Da Ponte)라는 무명 건축가의 제안대로 하나의 아치로 만드는 안이 결정되었다. 노예나 죄수가 노를 젓는 갤리선이 안전하게 통과할 수 있는 높이가 필요했던 이 다리는 연약한 지반 등의 어려움을 극복하고 1591년 마침

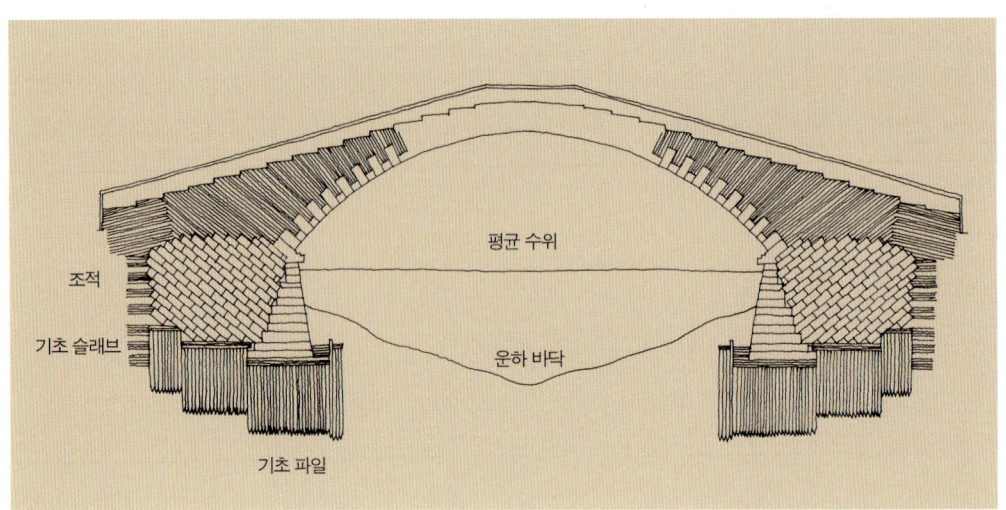

리알또 다리의 단면도. 운하 바닥에 박은 목제 파일 위에 벽돌 기초를 만들고 그 위 교각 위로 아치를 얹었다.

2 portico / 열주로 지지되는 박공 지붕의 현관.

내 완공되었다. 후에 다리의 윗부분에 다리와 운하의 교차로를 상징하는 뽀르띠꼬[2]가 덧붙여졌다. 다리는 1977년 베네찌아 노스뜨라 위원회에 의해서 다시 완전하게 복원되었다.

수세기를 아우르는 건축군의 합창, 싼 마르꼬 광장

건축가들에게 세계에서 가장 아름다운 공간을 물으면 대부분 싼 마르꼬 광장을 말한다. 누구나 싼 마르꼬 광장에 서면 깊은 감동을 느낀다. 무엇이 이곳을 지난 1000년 동안 가장 아름다운, 도시의 중심이 되게 하였는가. 싼 마르꼬 광장을 이루고 있는 건축들은 수세기에 걸쳐 다른 목적, 다른 양식에 의해 세워졌으나 마치 전체를 위하여 각자의 건축적 성과를 절제한 듯 비할 수 없는 조화 속에 각자의 세계를 유지하고 있다.

이렇게 서로 다른 시대의 최고 건축들을 하나가 되게 하는 싼 마르꼬 광장은 참다운 의미의 빈 공간이다. 비어 있어 건축의 모든 공간을 담아낸 이 도시공간에는 비잔띤, 고딕, 로마네스끄, 르네쌍스 등 천년의 서양건축사가 각기의 특유함을 실현하며 공생하고 있다. 광장에 첫 성당이 들어선 9세기 이후 종탑을 재건한 20세기 초반까지 1000년이 넘는 시간 동안 형성된 서로 다른 문명의 상형문자들이 이 공간에서 거대한 역사의 합창을 이루고 있는 것이다. 그러나 수세대에 걸친 여러 문명의 겹침만으로는 싼 마르꼬 광장의 위대함을 설명할 수 없다. 싼 마르꼬 광장의 진정한 의미는 여러 문명의 건축이 모여 만든 새로운 차원의 도시공간에 있는 것이다.

싼 마르꼬 성당, 두깔레 궁, 공공청사, 시계탑, 종탑 등 싼 마르꼬 광장을 이루는 각 건물군은 시대가 다르고 양식이 다르고 목적이 다르나 하나하나 더할 나위 없이 아름답고 진실해 보이는 건축공간들이다. 내부공간의 현란한 건축적 질서와 광장에 면한 파싸드가 이루는 조화는 싼 마르꼬 성당이 서양건축사 최고의 걸작임을 누구나 알게 한다. 두깔레 궁의 장려한 중정과 회랑 그리고 바다를 향한, 동서의 만남을 상징하는 미술적 벽은 정말 아름다운 건축적 정경이다. 싼 마르꼬 성당, 두깔레 궁과 함께 여러 건물이 ㄷ자 회랑으로 연결되면서 세계적으로 아름다운 광장을 만들고 이를 바다로 닿게 하여, 이 위대한 건물군은 종탑과 시계탑을 매개로 서로가 서로의 배경이 되고 전경이 되는 변증법적 질서를 이루고 있다.

 운하가 끝나는 앞바다의 대공간이 싼 마르꼬 광장으로 이어지면서 모두의 것인 빈 공간 위로 천년건축이 스스로의 궤도를 유지하며 위대한 역사공간을 이룬다. 베네찌아를 이딸리아의 도시로만 생각하면

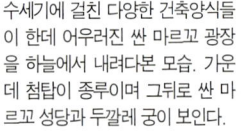
수세기에 걸친 다양한 건축양식들이 한데 어우러진 싼 마르꼬 광장을 하늘에서 내려다본 모습. 가운데 **첨탑**이 종루이며 그뒤로 싼 마르꼬 성당과 두깔레 궁이 보인다.

가면축제가 벌어지는 싼 마르꼬 광장. 정면에 싼 마르꼬 성당이, 오른쪽에 두깔레 궁이 보인다.

제대로 알기 어렵다. 아드리아 해안의 도시 베네찌아를 로마 교황에 도전하던 도시국가로 이해할 때 비잔띤 문명과 서구 문명이 종합된 문명의 도시 베네찌아의 상징적 중심인 싼 마르꼬 광장을 알 수 있을 것이다.

10년 전 처음 싼 마르꼬에 왔을 때 도시공간과 건축의 아름다움에 취하였다. 사흘을 다녔는데도 더 보고 싶고 더 머물고 싶었다. 그후 수십 번을 더 왔다. 어느 날 새벽 성당의 감동은 잊을 수 없다. 우연히 새벽의 싼 마르꼬 광장을 걷다가 나이 든 수녀 한 분이 성당 옆문으로 들어가려고 애쓰는 것을 보고 부축하여 안으로 들어섰다. 건축물로만 생각했던 싼 마르꼬 성당 안에서 새벽기도를 하는 신앙의 공간을 보았다. 건축공간을 통해 신을 느낄 수 있다는 것을 처음 알았다. 그뒤로는 새벽마다 성당을 찾는다.

싼 마르꼬 광장 **195**

자주 다니게 되자 차츰 광장 구석구석이 눈에 들어온다. 이곳은 종교의 광장이며 정치의 광장이며 문화의 광장이다. 도시생활의 축도인 것이다. 종교와 정치와 문화가 상업기능과 무리 없이 조화를 이루고 있다. 모두가 광장의 주인이다. 베네찌아의 사람들은 모두 다른 장소에 살아도 싼 마르꼬 광장과 함께 산다. 베네찌아의 길은 건물 사이의 오솔길과 다리뿐이다. 그 길은 모두 싼 마르꼬 광장과 리알또 다리에 닿는다. 어디든 조그만 광장에서 길을 따라가다 보면 문득 큰 건물 입면이 나타나며 싼 마르꼬 광장이 장대한 모습을 드러낸다. 길 맞은편에 석회암 회랑이 거대한 규모로 서 있고 길고 가늘던 하늘이 커다란 하늘이 된다. 그들은 하루에 한번은 싼 마르꼬 광장을 만난다. 우리는 왜 이런 모두의 광장을 갖지 못하는 것일까. 싼 마르꼬 광장에는 자연이 있고 역사가 있고 무엇보다 오늘의 삶이 있다.

밤의 싼 마르꼬와 아침의 싼 마르꼬가 다르고 가을과 겨울의 싼 마르꼬가 다른 것은 건축공간이 풍부하고 다양한데다, 바다에 면한 광장이라 사람의 공간과 자연의 공간 사이에 교감이 있어서일 것이다. 씨에나의 깜뽀 광장과 바띠깐의 성 베드로 성당 앞 광장을 이곳과 비교해보면 도시에서 광장이란 어떤 것이어야 하는지를 알 수 있다. 깜뽀 광장과 성 베드로 성당 광장의 뛰어난 성과는 건축으로만 이루어져 있으나 싼 마르꼬 광장에는 건축과 자연의 만남이 있다. 건축만으로 이루어진 것과 건축과 자연이 함께 이룰 수 있는 것의 극명한 차이를 싼 마르꼬 광장은 말하는 듯하다. 94년 광장 한가운데 있는 올리베띠(Olivetti) 홀에서 건축전을 가졌을 때 광장 가득히 바다가 밀려드는 것을 보았다. 배가 싼 마르꼬 광장 위를 다닌다. 물로 가득 찬 광장에 하늘이 가득 비치고 있었다. 구름이 흐르는 광장 위를 장화를 신고 걸었다. 시간을 초월한 문명의 집합이 바다 곁 역사의 겹침 속에 아름답게 빛났다.

초여름 바닷바람이 향기롭다. 아직 광장에는 한낮의 여운이 남아 있다. 광장 주변 ㄷ자의 네 건물은 회랑으로 이어져 아래는 광장과 하나가 되어 있으나 상부는 각자 특유의 모습이다. 처음에는 같은 건물인 줄 알았으나 이제는 다른 것이 눈에 들어온다. 바닷가 까페에 앉아

리알또 다리 주변을 찍은 항공사진. 대운하 위로 상점가가 그대로 이어지고 있다.

개펄 바람과 함께 그랏빠를 마신다. 바다는 언제 보아도 마음을 열게 한다.

싼 마르꼬 광장으로 밀려온 바다는 운하를 따라 리알또 다리로 이어진다. 두 손을 마주잡은 듯한 2중나선의 도시 중앙부에 리알또가 있다. 처음 수십 개의 섬과 개펄로 시작한 베네찌아의 중심은 이 리알또 지역이었다.

117개의 섬으로 이루어진 바다의 도시 베네찌아에는 150개의 운하와 400여 개의 다리가 있다. 길이 다리이고 다리가 길이다. 그중 가장 유명한 길이 싼 마르꼬 광장과 리알또 사이의 길이고 가장 유명한 다리가 리알또 다리다. 베네찌아에 며칠 있으면 살 것 같다. 자동차가 없기 때문이다. 인구 10만인 베네찌아는 걷는 도시다. 베네찌아를 크게 둘로 가르는 대운하에만 대중교통인 배 버스가 다닌다. 걷다 보면 한없이 다리를 건너야 한다. 싼 마르꼬 광장과 리알또 다리는 걷는 도시 베네찌아의 상징구역인 셈이다.

대운하 양쪽으로 모여 있는 백수십 개의 섬은 모두 독립된 섬이었다. 섬 한가운데 빗물을 받는 우물이 있고 우물이 있는 광장을 중심으로 마을이 생겼다. 섬마을 사이에 다리가 놓이기 시작하면서 바다의 도시가 이루어진 것이다. 대운하 최초의 다리가 리알또 다리이다. 세 차례에 걸쳐 다리가 붕괴되자 베네찌아 정부는 이 다리를 영구적인 석조로 건설할 것을 결정했다. 역사상 최고의 건축가, 예술가 들이 참여한 현상설계 끝에 무명의 건축가 안또니오 다 뽄떼가 제안한 특수공법의 기초와 단일 아치로 만들어진 안이 선택되었다. 운하의 흐름으로부터 기초를 보호하는 말뚝을 운하 쪽에 설치하고, 기초판 아래에는 구조역학상 필요한 양의 세 배가 넘는 6000개의 말뚝을 박았다.

리알또 다리 전경. 다리 중앙의 뽀르띠꼬는 물의 길인 운하와 물의 길인 다리가 만나는 물 위의 광장을 상징한다.

기초판 위에 또다른 조적조의 기초를 더하고 그 위에 완전구조인 단일 아치의 다리를 만들었다. 붕괴가 아니라 파괴에도 견딜 수 있는 천년의 다리를 만든 것이다.

그 다리 위에는 거리에 집을 짓듯이 집을 지었다. 도시의 거리가 운하를 지난다. 도시 기능이 단절되지 않고 그대로 운하를 지나게 한 것이다. 걷는 도시 베네찌아에서는 다리가 바로 길이었으므로 가장 중요한 다리는 당연히 도시 기능을 갖는 길의 역할을 해야 했던 것이다. 여기에 더하여 운하와 다리의 만남을 상징하는 광장이 다리 한가운데 만들어졌다. 불세출의 천재 미켈란젤로와 베네찌아 출신의 세계 최고 건축가 빨라디오의 기념비적 다리 대신 그들은 천년의 안전과 도시생활의 일상적 아름다움인 걷는 문명의 다리를 택한 것이다.

리알또 다리에는 자동차 없이 사는 도시 베네찌아의 천년의 시간과 공간이 쌓여 있다. 베네찌아에 오면 언제나 서울이 원망스럽다. 덕수궁에서 미국문화원으로 가려면 자동차를 피해 땅속에서 땅 위로 서너 번 오르내려야 하고, 플라자호텔에서 세종문화회관으로 가려면 몇백 개의 계단을 오르내려야 한다. 서울에서 걷는 일은 고해(苦海)를 걷는 일이다. 5만 인구면 도시 한가운데를 지나는 대중교통과 외곽의 주차장만으로 걷는 도시를 만들 수 있다. 서울에 베네찌아 크기만한 100개의 보행전용 도시구역을 만들 수 있어야 한다. 리알또 다리가 상징하는 걷는 문명의 도시를 우리의 도시들이 배워야 한다. 자동차에 점령당한 도시를 걷는 우리 시대의 천년의 다리는 어떤 것일까.

한 알 할릴리

카이로는 파라오의 도시가 아닌 이슬람의 도시다. 1000년 전 이슬람인들에 의해 새 수도로 정해진 카이로의 중심 상업구역 한 알 할릴리는 한때 1만 2000개의 상점을 거느린 세계에서 가장 오래된 시장이었다. 현대 쇼핑가의 원조라고 할 수 있는 이곳도 카이로의 중심이 나일 강으로 이동하면서 현대화의 물결에 밀려나 관광구역으로 퇴화하고 있다.

한 알 할릴리 들여다보기

한 알 할릴리(Khan al-Khalili)는 원래 한 건물의 명칭이었으나 지금은 관광객과 주민 들에게 물건을 파는 상업지역 전체의 이름이다. 1000년 동안 이 지역은 도시의 중앙시장이었다.

1000여 년 전 파티마(Fatima)인들이 남아프리카에서 이집트로 흘러들어와 그들의 양식대로 신도시 카이로를 건설하였다. 파티마인들의 번영과 더불어 카이로는 13세기에서 15세기까지 이슬람세계에서 가장 번성한 상업중심지가 되었다. 카이로의

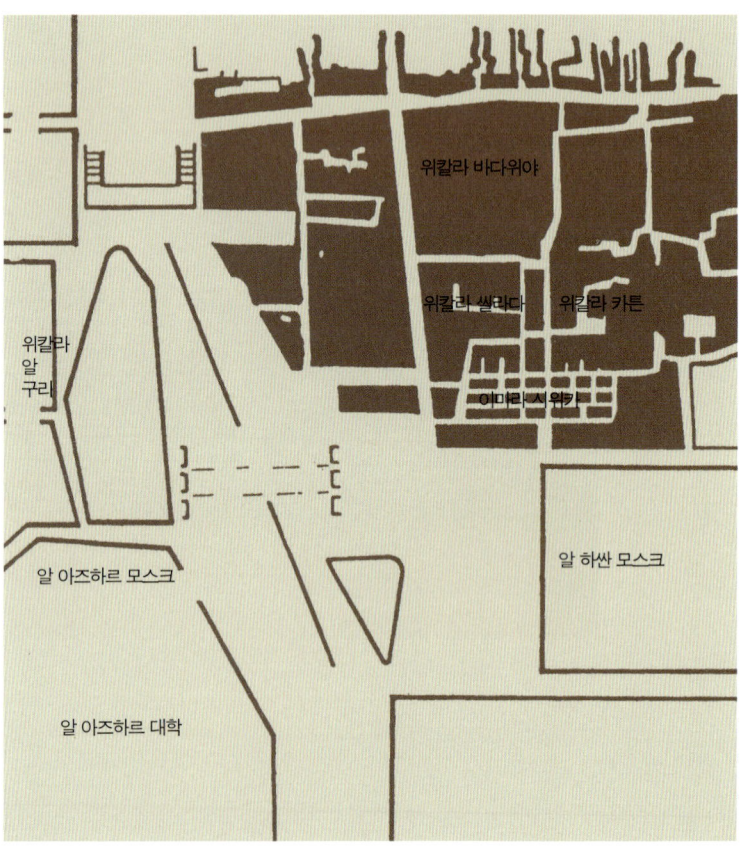

대학 캠퍼스와 모스크와 중심 상업지역 사이에서 1000년 동안 자리를 지켜온 한 알 할릴리의 주변 지도.

특화된 상권은 아랍의 무역세계를 주도해갔으며 극동과 수단 지역의 캐러밴 (caravan, 대상인)들까지 합류하여 아주 다양한 배경을 가진 상업왕국을 이루었다. 한[1]과 쑤크[2], 위칼라[3]를 중심으로 가장 기본적인 시장이 건설되고 사방으로 번져나가 약 1만 2000개의 상점을 거느리게 되었다. 점차 증축하고 확대된 한 알 할릴리는 오스만 제국의 이집트 정복(1517) 당시 가장 번성한 상업중심지가 되었다.

이 구역에서 세심한 여행객은 성벽도시 안에서 번영했던 한과 쑤크와 위칼라의 윤곽을 읽어낼 수 있다. 아라비아어로 쑤크는 특산품과 그릇을 파는 커다란 시장구역을 말하며 대부분의 쑤크는 장인과 공장과 창고와 직접 연계되어 있다. 이러한 쑤크들은 특화된 상품을 판매하는데, 향수나 각종 향신료와 황동제품, 구리제품, 각종 그릇 등이 그것이다. 대부분의 상점들은 6평방피트를 넘지 않는 면적이었으며 금, 은, 카페트, 비단, 무기, 가구 등 여러 곳에서 흘러온 진기한 품목들로 가득 차 있었다.

그러나 이후 100여 년 동안 지속되던 할릴리 상권은 동방과의 경쟁 그리고 새로

한 알 할릴리의 평면도. 수천의 상점이 한없이 이어지는 보행 전용의 상가이다. 미로처럼 이어지던 길은 건물 중정이나 막다른 골목의 광장에 닿는다.

1 khan / 중앙에 광장이나 중정을 가진 2~3층의 구조물로 2층은 상인들의 주거로 세를 주었으며 1층에는 물품창고들이 있었다.
2 suq / 수공예품과 세공품을 거래하는 시장.
3 wikala / 오스만 점령 후 한을 대체하는 용어로 사용됨.

운 문물의 유입과 카이로의 우수한 장인들을 꼰스딴띠노뽈리스로 보낸 오스만의 정책으로 쇠퇴일로를 걷게 된다. 19세기 말엽에 증기선과 철도가 캐러밴 무역의 주요 교통수단이 되면서 상업기능은 나일 강 주변으로 옮겨갔으며 건축물은 동양의 신비함을 버리고 현대의 기능적 흐름을 따랐으나 좁은 거리와 붐비는 골목길은 여전히 남아 있다. 한 알 할릴리에는 목조지붕이 거리를 덮고 있었는데 지금은 거의 제거되었으며, 작고 매력적인 토속상점은 커다란 유리 진열장으로 개조되고 말았다. 이후 정부는 이 구역에 대한 건축규제 정책을 시행했으나 이에도 아랑곳없이 한 알 할릴리는 계속 변모하여 지금은 옛날의 명성만을 간직한 채 관광객들만 남아 있다.

천년도시 카이로 최대의 바자르,
한 알 할릴리

카이로의 중심 상업구역으로 1000년을 지속해온 한 알 할릴리로 간다. 5000년 이집트 문명의 주공간은 나일 강이지 카이로가 아니다. 카이로는 나일 문명의 마지막 중심이다. 10년 전 알렉산드리아 도서관 국제현상 관계로 카이로에 왔을 때, 기자의 피라미드군과 이집트 고고학박물관에서 받은 문화적 충격도 컸지만 한 알 할릴리를 보고 많은 것을 느꼈다.

도시는 공공공간과 주거공간과 상업공간으로 이루어진다. 공공공간은 제한된 시간에만 쓰는 사용목적을 가진 공간이지만 주거공간은 일상의 모든 시간을 담는 공간이다. 당시의 도시구조가 그대로 화석화된 뽐뻬이의 중심구역은 공공공간의 전형이고 역시 2000년 전 마을이 화석화된 에르꼴라노[4]는 주거공간의 전형이다. 도시는 도시공동체의 공간으로부터 시작한다. 뽐뻬이의 중심부에는 신전과 의회와 극장 등의 공공공간이 있고 공공공간과 주거공간이 이어지는 자리에 시장과 욕장이 위치한다. 주거공간인 에르꼴라노는 하나의 소우주다. 나뽈리 외곽의 그리 크지 않은 주거단지지만 그것은 그대로 작은 자족의 도시다. 로마가 천년제국을 이룰 수 있었던 공간적 근거를 그들은 가지고 있었다.

그러나 로마의 도시에는 아직 완성된 상업공간의 모습이 없다. 인

4 Ercolano / 이딸리아 나뽈리 근처에 있었던 고대 로마의 신도시로, 뽐뻬이와 함께 베주비오 화산 폭발로 지하에 묻혔다.

류는 완성된 상업공간의 모습을 위대한 상인의 나라 아랍의 도시에서 찾아야 했다. 사막에는 농토도 들판도 바다도 없어 그들의 도시는 시장일 수밖에 없었다. 그들은 종교공간과 하나가 된 상업공간을 창출하였다. 세계 최대·최고의 모스크인 이븐 툴룬(Ibn Tulun)과 유럽연합군인 십자군을 격퇴한 쌀라딘(Saladin)의 성채에 버금가는 세계 최고의 시장인 한 알 할릴리를 카이로 한가운데 만들었다. 지난 1000년 그들은 세계의 상당부분을 지배하였고 인류 역사상 가장 위대한 문명의 하나를 이룩한 것이다.

인간의 세속적 삶은 돈에 구속된다. 시장에서는 돈이 최고의 가치를 지닌다. 한 알 할릴리에는 정찰이 없다. 우리는 어느 사이 사느냐 마느냐의 선택 이외에 아무 대응할 일이 없는 정찰제에 물들어 있다. 그러나 한 알 할릴리에서는 부르면 그게 값이다. 그 값에서부터 시작한다. 싫으면 시작이 없고 마음이 있으면 바자르[5]가 열리는 것이다.

5 bazaar / 이슬람 지역의 시장.

한 알 할릴리는 서울의 어느 쇼핑가보다 초라하고 무질서하다. 그러나 거기에는 본래의 시장이 있다. 한 알 할릴리는 한때 아랍세계의 중심시장이기도 하였고 판매와 제조가 일상의 공동체를 이루던 곳이었다. 아랍세계의 도처에서 사람들이 몰려와서 머물며 서로 거래하였다. 금은세공에서부터 직물과 피혁에 이르기까지 모든 상품이 만들어지고 거래되고 저장되던 장소이다.

한 알 할릴리는 모스크와 주요 간선도로로 둘러싸인 보행 전용의 공간이다. 오늘도 수많은 사람들이 이곳을 찾는데, 그들은 수세기를 내려온 물건을 사러 오기도 하지만 또 역사와 건축을 보러 온다. 13세기부터 15세기까지 카이로는 이슬람세계 최대의 도시였고 경제적 중심이었다. 카이로가 교역의 중심이 되면서 바자르와 한의 조직도 급

한 알 할릴리 주변의 옛 카이로 중심구역. 가운데에 한 알 할릴리가 있다.

속히 확대되어갔다. 600년 전 당시 황제인 야르카스 알 할릴리(Jarkas al-Khalili)가 그곳에 거대한 '한'을 짓도록 명령해서 왕궁의 무덤터 위에 세워진 것이 오늘의 한 알 할릴리다. 한 알 할릴리는 거대한 귀족의 성같이 높고 견고했으며 대부분 3층이었다. 주요 거래물은 향료, 귀석, 직물 등이었다. 한 주위로 상인과 고객과 물장수와 밥장수 들이 작은 골목을 이루며 모여들었다. 이후 16세기 초 쑬탄 알 구리(Sultan al-Ghuri)에 의해 할릴리의 한은 철거되고 새롭고 웅장한 한이 다시 지어졌다.

오스만의 점령 이후 한 알 할릴리는 제반 조건이 잘 구비된 상업 중심지로 성장하였다. 한가운데 아름다운 샘이 있는 궁전 같은 시장이었다. 아름다운 옷과 진주와 종자와 도자기와 좋은 목화와 인도나 페르시아로부터 온 수많은 물류가 이곳에서 거래되었다. 그러나 오스만 제국이 카이로에서 꼰스딴띠노뽈리스로 상업의 중심을 옮긴 이후 차츰 쇠퇴하였다.

　19세기, 무하마드 알리 왕조가 들어서면서 한 알 할릴리는 다시 활기를 찾기 시작하였다. 이때부터 노예시장이 생기고 파라오의 무덤에서 도굴한 이집트의 골동품이 거래되었다. 그러나 19세기 말 증기선과 철도가 들어오면서 이곳 역시 서서히 변화하기 시작하였다. 무하마드 알리 왕조는 서구 도시를 모델로 오늘의 카이로를 만들었고, 그들은 역사적 도시 구역에서 나일 강으로 서서히 도시의 중심을 옮겨 갔다. 캐러밴과 동양적 정취가 차츰 사라져갔다. 한 알 할릴리의 길을 덮은 목조지붕이 철거되고 옛 시대의 시장은 현대적 모습으로 바뀌어 갔다. 지금 남은 한 알 할릴리의 주요 건물은 그후 세워진 것이다.

　10년 전 카이로 대학 건축과 교수의 안내로 처음 한 알 할릴리를 찾았다. 사흘 머무는 동안 첫날은 피라미드, 다음날은 이집트 고고학박물관, 마지막 날은 한 알 할릴리로부터 문명적 충격을 경험하였다. 역시 역사에 새로운 것은 없었다. 모든 것이 이미 수천년 전에 다 있었다. 그때도 많이 부서져가던 한 알 할릴리가 더 부서지고 있다. 이곳 사람들은 떠나고 관광객만이 붐빈다. 10년 전의 시장도 아니다. 이러다가는 한 알 할릴리도 기록과 유적만으로 역사에 남을지 모른다. 1960년에 한 알 할릴리지구 특별법이 만들어졌으나 아직까지 아무런 성과가 없다고 했다. 천년도시 카이로의 정신적 중심이었던 이븐 툴룬도, 군사적·정치적 중심이었던 쌀라딘 광장도, 상업의 중심이었던 한 알 할릴리도 다 현대식 카이로의 뒷전으로 밀려 있다. 중요한 역사 구역이 현대와 공존하지 않는 도시는 결국 무너진다. 한 알 할릴리의 역사복원이 이루어지면 우리는 지난 1000년을 지속하였던 아랍세계 삶의 현장을 다시 보게 될 뿐 아니라 역사와 함께 사는 카이로의 새로

한 알 할릴리로 통하는 문.

운 부흥을 볼 수 있을 것이다.

　내일은 새벽에 빠리로 가야 한다. 카이로의 3박4일이 어느 틈에 과거가 되었다. 밤 아홉시인데 아직 해가 있다. 야외식당에서 마지막 카이로의 밤을 마신다. 보름간 서울을 비우는 일이 비현실적인 것 같았는데, 이미 다 지나고 있다. 10년 만에 다시 찾은 카이로에서 그동안 변화한 나를 볼 수 있었다. 기자의 피라미드에서, 이집트 고고학박물관에서, 한 알 할릴리에서 그때 보지 못했던 많은 것을 보았다.

　다음에는 일주일 동안 카이로에만 있도록 하자. 기자의 피라미드 마을에서 이틀, 이집트 고고학박물관에서 이틀, 한 알 할릴리에서 사흘을. 역사를 아는 일은 인간을 아는 일이다. 기자의 피라미드를 만든 사람과 알렉산드리아의 등대를 만든 사람과 한 알 할릴리의 상인은 모두 같은 사람들이다. 인간 스스로가 바로 역사이다. 역사와 건축과 도시를 공부하는 일은 바로 우리 삶의 현장을 보는 일이다. 카이로에는 반만년의 시간이 현존하고 있다. 경주에 2000년의 시간이 실재하도록 하는 일을 지금이라도 시작해야 한다. 카이로에 오면 나의 생명이 과거로 연장되는 환상을 갖는다. 삶은 우주와 마주한 나의 마음 그 것인데 카이로에는 아직 파라오의 배가 다니고 있다.

구겐하임 미술관

메트로폴리탄 미술관 앞 미술관의 거리 '뮤지엄마일'에 20세기 최고의 건축가 라이트가 17년에 걸쳐 세운 현대미술관 구겐하임. 스스로 위대한 미술이기를 원한, 라이트 필생의 작품에 대해 미술가들의 비판이 많았으나 이곳은 이제 뉴욕 시민들이 가장 자랑스럽게 생각하는 맨해튼의 문화적 명소가 되었다.

구겐하임 미술관 들여다보기

현대건축의 거장, 미국의 프랭크 로이드 라이트(Frank Lloyd Wright, 1867~1959)가 설계한 구겐하임(Guggenheim) 미술관은 깐딘스끼(Kandinsky)의 작품을 포함해 약 700점의 근대 추상미술 작품들을 소장하고 있다. 계획 당시 4년 동안 대지를 물색하였으며, 총비용만도 400만 달러가 소요되었다. 라이트 작품세계의 절정을 이루는 이 미술관은 그의 기존의 작품 형식을 넘어 또다른 건축공간 형식으로 시도된 것으로, 지금까지도 건축 논쟁의 대상이 되는 20세기의 대표적인 작품이다.

뉴욕의 뮤지엄마일. 예술의 도시답게 뉴욕에는 많은 미술관과 박물관이 있다. 특히 구겐하임 미술관 부근을 뮤지엄마일이라 부른다.

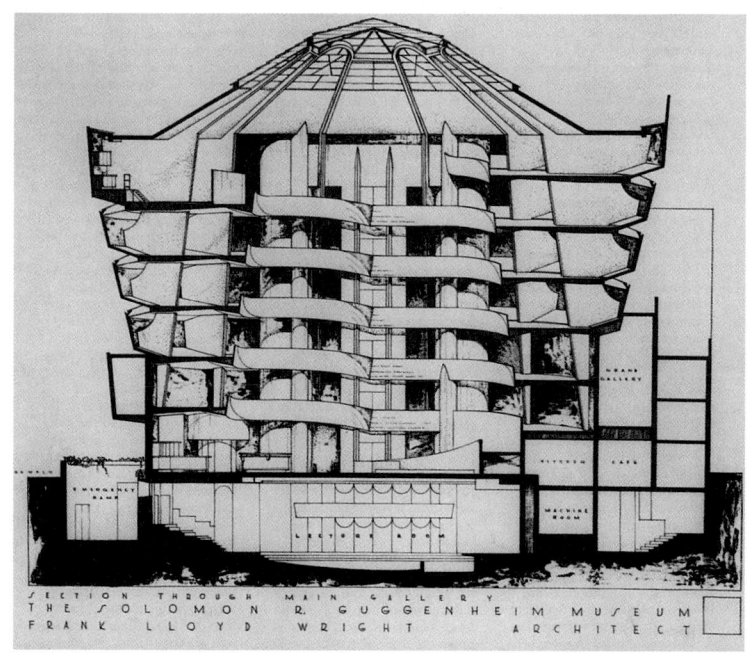

구겐하임 미술관의 단면도. 5개 층이 하나의 공간으로 트여 있고 나선형 램프를 따라 전시공간이 이어진다.

상부에서 자연채광이 이루어지는 단일화된 공간 속에서 백색의 원통을 감아 도는 '공간의 유연성과 연속성'이 기본개념이다. '건축의 기원으로 돌아가고 싶다'는 그의 말기의 발언처럼, 이 건물의 초기 스케치에서는 육각형과 원들을 이용한 원초적 형태들이 느껴진다.

원통 사이의 낮은 입구를 통해 거대한 내부로 들어서면 엘리베이터를 타고 건물의 최상부까지 올라가게 된다. 엘리베이터에서 내리면 중앙의 거대한 공간이 느껴지며, 원형의 경사로를 내려오면서 경사진 원형벽에 전시된 작품들을 관람하게 되어 있다. 맨 아래층에 도착하면 비로소 건축가의 디자인 개념과 공간의 전체적 형상을 느낄 수 있다. 왼쪽에 있는 작은 원통 공간의 아래층에는 관리실과 사무실이, 위층에는 식당이 있다. 두 개의 원통 중심을 잇는 연결부에는 도서실과 작업실이 있다. 원형램프의 전시공간과 천재적 감각의 공간 비례로 설계된 내부공간이 압권이다.

1960년에 완성된 구겐하임 미술관에는 1988년 건축가 과스메이 시겔(Gwathmey Siegel)이 건물 후면에 뉴욕의 격자형 구조를 따라 주변 건물의 규모에 부합하는 증축동을 설계하였다.

현대미술의 기념비적 산실, 구겐하임 미술관

역사에 새로운 것은 없으며 대부분의 예술적 창조는 기존의 변형으로부터 시작한다. 20세기 거장들의 미술품을 소장한 구겐하임 미술관에 서면 미술과 미술관과 건축에 대한 상식이 무너지는 것을 느낀다.

구겐하임 미술관은 스위스 출신의 건축가 르 꼬르뷔지에(Le Corbusier)와 쌍벽을 이루는 20세기 최고의 건축가 라이트의 최후 대작으로, 이 건물만큼 많은 논쟁을 불러일으킨 건물도 없다. '유럽에 영향을 끼친 미국의 첫 건축적 성과'인 대평원의 프레리 하우스와 '건축적 상상력이 오랫동안 꿈꾸어왔던 가장 환상적인' 건물인 존슨왁스(Johnsonwax) 사옥, 그리고 작은 폭포 위에 '건축의 실체는 물질이 아닌 공간'이라는 것을 보여준 카우프만 하우스를 거쳐 라이트가 근 20년에 걸쳐 필생의 대작으로 완성한 것이 바로 구겐하임 미술관이다. 구겐하임 재단은 그 자체가 미술인 미술관을 만들려는 라이트의 독선 때문에 중간에 건축가를 바꿀 생각도 하고 위협도 하였으나 라이트는 물러서지 않았다.

가장 독창적인 건축가였던 그가 이 작품에 와서는 자신의 건축작품과 다른 시대의 작품을 자유자재로 인용하고 있다. 천창으로부터 빛이 흘러내리는 단일공간 형식은 빤테온과 그의 초기 작품인 라킨 빌딩을 원용하고 있으며, 내부의 경사로는 쌘프란씨스코에 있는 그의 모리스 상점과 로마 바띠깐 박물관 원형계단의 인용이다. 자신의 작품과 자신이 기억하는 역사의 건축으로부터 새로운 자신의 것을 만들고자 한 것이다. 말타 신전의 곡선형상, 메소포타미아의 지구라트, 이집트 조세르 왕의 피라미드, 불레[1]의 아이적 뉴턴을 위한 기념비 등이 영향을 끼쳤을 것이나 구겐하임은 이 모든 것을 종합하여 새로운 창조를 이룬 것이다. 모든 시대의 건축이 자유롭게 그의 건축어휘로 융해되고 있다.

1 Etienne Louis Boullee (1728~99) / 프랑스 신고전주의 건축가.

라이트는 구겐하임 미술관의 주공간과 나선계단에 대해 '완만한 경사로는 관람객들에게 미술관이 주는 피로를 덜 느끼게 할 것이며, 나선형 경사로의 경사벽면은 이젤과 같아 수직벽보다 더 충실하게 그림을 전시할 수 있다'고 하였으나 기능적으로 많은 비판이 있었던 것이 사실이다. 시종 하나의 대공간에 있어야 하므로 결과적으로 변화가 없고, 관객들은 경사 위에 계속 서 있어야 하며, 경사진 창으로 들어오는 자연광으로 인해 역광으로 그림을 보아야 하고, 그림을 곡선 벽면에 붙이는 일도 어렵다는 것이다. 그럼에도 불구하고 경사로로 둘러싸인 거대한 원통의 수직공간은 어느 역사적 건축도 이루지 못한 기하학적 표현으로 이루어진 유기적 형상의 내부공간으로 해서 20세기 건축의 기념비가 되었다.

마침 근처에 누나 집이 있어 맨해튼에 갈 때마다 구겐하임 미술관에 가곤 한다. 건축가가 되기로 결심한 고등학교 3학년 때 사진으로 처음 본 건물이 바로 구겐하임 미술관이다. 건축이 시나 철학보다 더 한 것을 할 수 있구나 하여 철학과 수학 대신 건축을 택하는 계기가 된 건물이다. 그러나 실제의 건축을 처음 대면했을 때는 솔직히 감동을 받지 못해서 민망했다. 폐허의 옛 유적도 아닌 바로 우리 시대 최고의 건축 앞에서 산문적 느낌만 든 것이다. 그래도 올 때마다 들렀다. 새벽에 쎈트럴 파크를 달릴 때면 그 앞을 지났다. 깐딘스끼 회고전과 리히텐슈타인(Liechtenstein)의 전시도 그곳에서 보았다. 그러다가 내가 미술관·박물관 설계를 하게 되면서 차츰 구겐하임의 공간에 빠져들었다.

구겐하임 미술관은 일상의 관념으로는 비정상적인 미술관이다. 그러나 한편으로 미술관이란 무엇인가에 대한 통렬한 비판과 비전의 제시가 거기에 있다. 현대미술은 과거의 모든 미술에 대응하는 오늘의 미술이다. 100년 전, 1000년 전에도 오늘의 미술이 있었다. 우리는 옛 미술을 통해 시각형식으로 나타난 옛 세계를 보는 것이다. 과거의 미술만큼 오늘의 미술도 우리의 것이어야 한다.

현대미술의 현장공간은 어떤 것이어야 할까. 현대미술관이 상식적

밑에서 올려다본 구겐하임의 내부 공간. 아무 장식이 없는 단순한 공간이 중앙 천창에 의해 빛의 흐름을 타고 있다.

구겐하임 미술관 **217**

모습이라면 우습다. 이제까지의 미술관은 수집가와 평론가와 작가 들만의 무대였고 우리는 객석의 관객에 불과하였다. 현대미술은 이제 개인의 수집 대상이 아니다. 고전음악과 대중음악이 서로 다른 공간을 요구하듯 현대미술 역시 그들의 예술형식을 위해 다른 공간이 필요한 것은 당연하지 않은가. 현대미술의 공간은 옛 미술의 공간과는 달라야 한다. 구겐하임 미술관은 일상적 미술의 장소이기를 거부한 라이트의 미술공간이다.

나선형의 램프는 좋은 전시공간이 아니고 밑보다 위가 큰 원통의 공간에선 소리가 울린다. 구겐하임 미술관에 들어서면 원통의 공간에 가득한 소리에 갇혀 움직여야 한다. 빛은 한가운데서 더 밝아 정작 그림 앞은 어둡다. 현란한 공간유희이면서도 표면의 디테일은 아무것도 없다. 그러나 여기에 서면 현대미술의 원형공간에 서는 것이다. 사람들은 이 공간에서 자유로움을 느낀다. 여기서 미술은 그냥 우리에게 다가온다. 현대미술은 현실 여기저기에서 우리에게 모습을 드러내는 것이다.

구겐하임은 현대미술의 요람 같은 곳이다. 세계 최고의 역사적 소장품을 가진 메트로폴리탄(Metropolitan) 미술관 앞에 오늘의 미술을 위한 공간으로 이보다 더 아름답고 진지한 공간을 생각할 수 있을까. 휘트니(Whitney) 비엔날레의 본산인 휘트니 미술관보다 세 배나 많은 사람들이 이곳을 찾는 이유가 무엇인지를 생각해보아야 한다. 구겐하임은 현대미술의 본질을 가장 잘 알고 그들의 공간을 만든 것이다. 구겐하임 미술관에 들어서면 오늘의 사람이 된다. 그런 것이 정말 중요하다.

베네찌아의 까스뗄로 공원에 비엔날레 한국관을 짓는 과정중에 백

뮤지엄마일에서 바라본 구겐하임 미술관. 오른쪽으로는 쎈트럴 파 크가 있다.

남준 선생을 만나러 뉴욕에 간 적이 있었다. 선생과 베네찌아 비엔날 레의 한국관이 어떤 미술관이 되어야 할지를 많이 토론했다. "미술가 들을 위한 미술관이냐 관객을 위한 미술관이냐를 생각해야 한다. 구 겐하임은 미술가들은 싫어하지만 관객들은 좋아한다. 이곳에 오면 왠 지 미술의 세계에 초대된 듯한 느낌을 받는다. 휘트니 미술관은 좋은 미술관이지만 사람을 들뜨게 하는 무엇이 없다. 베네찌아 비엔날레는 전세계 미술가들의 경연장이고 스물다섯 나라의 국가관이 서 있는 곳인만큼 사람들을 끌어당기는 힘이 있는 건물이어야 한다. 대부분의 작가들은 얌전한 창고를 원할 것이다. 그들은 자기가 주인공이어야지 건축이 나서는 것을 싫어한다. 그러나 뉴욕 사람들은 구겐하임 미술관을 사랑하고 자랑스럽게 여긴다. 작가들은 지나가는 것이다. 2년에 두 달 문을 여는 비엔날레 한국관은 순수한 갤러리라기보다 경쟁적 국가관이다. 미술가들은 싫어할지 모르나 한국미술이 세계로 나아가는 무대를 시도해야 한다." 동감이다.

 구겐하임에 서면 현대미술이 다가온다. 거기에는 내가 나를 보고 문명을 생각하고 미술을 느끼는 공간이 있다. 현대미술이 도전하고 싶은 공간——바로 그것이 구겐하임이고 나는 그것을 베네찌아에 만들려 한 것이다. 구겐하임에 다시 와서 가야 할 길이 얼마나 먼 곳인지를 새삼 생각한다.

제 4 부

인간의 공간

메가리데 성

고대 그리스의 신도시 나뽈리의 발상지인 메가리데 성은 싼따 루치아 항 바로 앞에 있다. 암반을 파낸 돌로 쌓은 메가리데 성과 나뽈리에서 가장 높은 보메로 언덕의 싼뗄모 성을 잇는 거리는 나뽈리 2000년 역사의 가로이다. 건축 속에 도시의 이미지를, 도시 속에 건축의 메시지를 담은 메가리데 성은 도시와 건축이 하나가 된 건축 도시다.

메가리데 성 들여다보기

메가리데(Megaride) 성이 위치하는 이딸리아의 나뽈리(Napoli)는 기원전 7세기 경 고대 그리스인들이 정착했던 도시로 기원전 4세기 로마의 지배를 받게 되면서 인근의 뽐뻬이, 에르꼴라노와 함께 로마의 신도시 역할을 담당하였다. 남쪽으로 까쁘리 섬, 북쪽으로 쁘로치다 섬과 이스끼아 섬으로 향하는 관문이었으며, 나뽈리란 명칭은 그리스어의 신도시, 네아뽈리스(Neapolis)에서 비롯되었다.

고대도시는 보메로 언덕의 동쪽에서 해안에 이르는 평지에 건설되었다. 이곳은 그리스의 문화를 애호했던 로마 상류층의 주거지로 인기가 높았는데, 사원, 체육관, 욕장, 수도교(水道橋), 전차경기장, 원형극장 등이 세워져 로마 도시로서의 면모를 갖추었다. 보메로 언덕에 있는 싼뗄모(Sant'Elmo) 성과 메가리데 성을 잇는 구시가지는 고대의 가로를 반영하고 있으며 건물들은 중세도시의 모습을 보여준다. 베네데또 끄로체(Benedetto Croce) 가와 성 비아지오(Biagio) 가로 연결되는 가로를 중심으

로마의 신도시였던 나뽈리는 2000년의 역사가 그대로 남은 에르꼴라노, 뽐뻬이, 뿌떼올리 등의 고대도시와 띠베리우스 황제가 봉화로 로마를 통치하던 세계적인 관광지 까쁘리 섬 등과 함께 2000년의 역사가 공존하는 역사도시 구역을 이루고 있다.

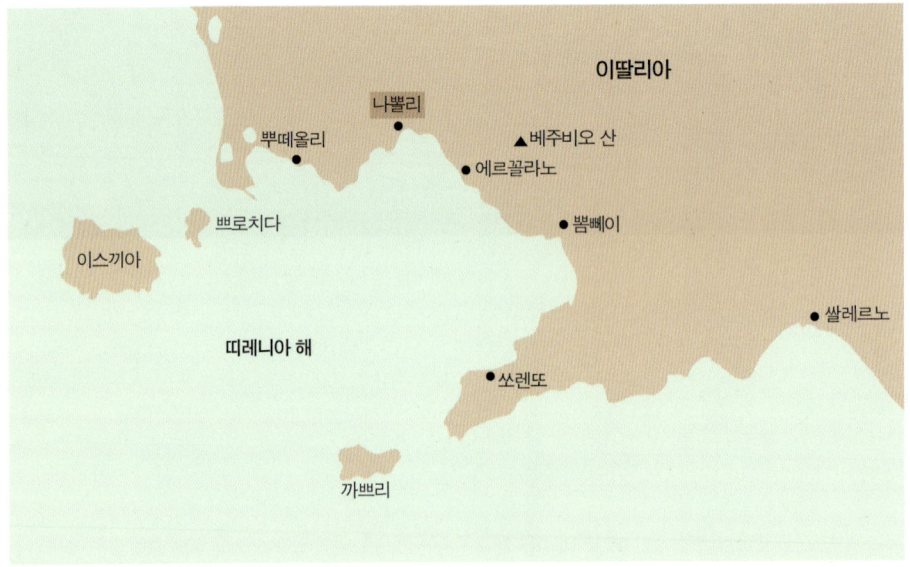

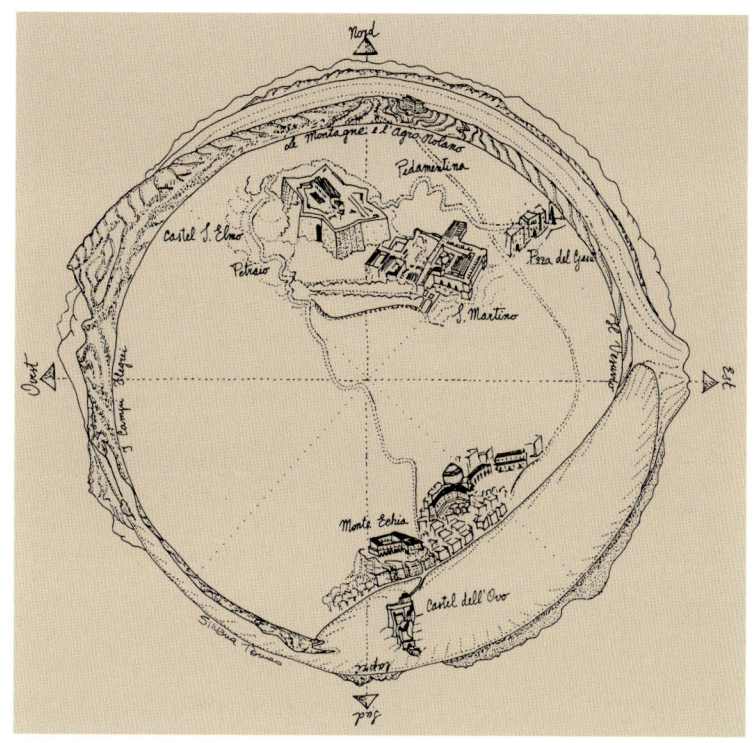

나뽈리를 어안렌즈 형식의 시각으로 그린 지도. 남쪽의 메가리데 성에서 에끼아 산을 지나 싼뗄모 성에 이르는 나뽈리의 역사가로가 보인다.

로 나뽈리를 두 지역으로 분리하는 스빠까 나뽈리(Spacca Napoli)는 도시의 역사와 자연을 복원하기 위해 기존 도심을 부수고 만든 새로운 가로이다.

메가리데 섬은 고대에는 로물루스의 별장의 일부였는데 이후 성이 건설되어 요새와 감옥으로 사용되었으며, 1691년의 개조로 현재의 모습을 갖추게 되었다. 메가리데 성은 델오보(dell'Ovo) 성이라고도 불리는데 이는 달걀성이란 뜻으로, 거대한 암반을 지반으로 그 안에서 파낸 돌로 성을 쌓았다는 점이 매우 흥미롭다. 2000년이 경과하는 동안 천재지변, 전쟁 등으로 끊임없이 개조되면서, 다양한 시대와 건축양식을 포용하고 있다.

나쁠리에 피어난 예언적 도시 건축, 메가리데 성

1 1933년의 아테네 헌장에 이어 1994년 나쁠리 메가리데 성에서 공포된 도시계획 헌장으로, 21세기의 평화와 과학의 도시를 위한 10대 기본원칙을 천명했다.

나쁠리에 오면 어지럽다. 자동차 소리, 사람 소리가 도시에 가득하다. 세상에서 가장 아름다운 항구라지만 나쁠리 자체를 보러 오는 사람은 오히려 적다. 나도 한번은 뽐빼이로 가는 길에, 다른 한번은 까쁘리와 쁘로치다에 가려고 나쁠리에 들렀다. 그때마다 나쁠리는 그냥 스쳐 지났다. 그러다 '메가리데 선언 94'[1]에 참여하면서 G7 정상회담이 열린 메가리데 성을 보게 되었다. 메가리데 성이 나쁠리의 발상지일 뿐 아니라 2000년 도시 나쁠리의 가장 중요한 도시적 원점인 것을 처음 알았다. 메가리데 성에서 싼뗄모 성에 이르는 역사가로와 베주비오 산과 앞바다가 이루는 나쁠리 도시 형성의 200년 과정을 나쁠리 대학 베기노 교수로부터 처음 들었다.

21세기 도시선언의 장소로 메가리데 성이 선정된 것은 2000년 전 신도시, 네아쁠리스의 시작이 이곳이었기 때문이다. 메가리데 선언 직후에 G7 정상회담이 열리게 되어 있어 경계가 삼엄한 싼따 루치아 항 바로 옆 메가리데 성에 처음 당도하였다. 일반에게 공개되지 않고 중요한 국제행사만 열리는 곳이어서 평소에는 갈 수 없었던 곳이다. 싼따 루치아 항 앞 베주비오 호텔이 지정된 숙소다. 활처럼 휜 나쁠리 항 한가운데에서 바다로 돌출한 섬 전체가 메가리데 성이다. 나쁠리 앞 바다 가운데 성이 솟아 있고 육지에서 다리가 이어진 형상이다. 바

바다 위에 떠 있는 도시적 건축, 메가리데 성.

다에 떠 있는 섬이 통째로 옛 성인 것이다.

 첫날은 인터뷰가 있고 둘째 날은 전야제가 밤늦게까지 계속되어 정작 메가리데 성에 들어가지 못하였다. 전야제가 열리는 베주비오 호텔 옥상의 까루조 홀에서 메가리데 성이 바로 내려다보인다. 위에서 내려다보는 메가리데 성은 마치 도시를 축소해놓은 건축처럼 보였다. 돌로 만들어진 도시형식의 항공모함이 싼따 루치아 항에 정박하고 있는 듯하다. 바다 위에 뜬 건축적 항공모함 같다. '예술의 전당'을 설계할 때 바위산에 내려앉은 우주선과 항공모함을 생각하였는데 그런 상상이 실현된 것을 보았다.

 다음날 아침 메가리데 성으로 들어갔다. 성문을 열고 안으로 들어서자 예기치 않던 도시의 길이 나타난다. 성채 안에 도시의 인프라가 먼저 나선다. 환상적이기까지 한 건축의 내부공간에 도시의 길이 시작되는 것이다. 도시 가로 안쪽에 거대한 성벽으로 둘러싸인 내부의 세계가 장려하게 펼쳐진다. 성의 내부공간이 연속하다가 문득 바다가 보이는 큰 방이 나타난다. 바다가 성 가득히 넘쳐온다. 다시 옆으로 도시적 내부가로가 이어지고 건물과 성벽으로 둘러싸인 2층 높이의 하늘을 향해 열린 광장이 바다 위로 떠오른다. 섬에 작은 도시를 만든 것이다. 이것은 25년 전 아키반 선언[2]을 하며 생각했던 바로 그런 건축도시이다. 이미 2000년 전에 만들어진 것을 나는 현대도시의 유일무이한 돌파구라고 선언하였던 것이다. 21세기 도시선언의 장소로서 이 이상 더 완벽한 장소가 있을까. 건축 속에 도시가 있고 도시형식이 건축공간으로 현현한다.

메가리데 성에 다녀온 후부터는 나쁠리에 오면 맨 먼저 그곳으로 간다. 나쁠리 대학의 강연말고도 메가리데 선언의 2단계 작업 때문에 세 번에 걸쳐 다시 나쁠리를 찾았다. 도시연구팀과의 만남이었으므로 이딸리아의 도시 역사에 대해 많은 것을 들었고 그들의 안내로 나쁠리의 역사적 장소를 볼 수 있었다. 이제는 나쁠리와 메가리데 성을 조금은 알 듯하다. 베주비오 산과 나쁠리 항과 쏘렌또, 까쁘리, 쁘로치다로 이어지는 나쁠리의 토지형국과 메가리데 성에서 에끼아 언덕을 거쳐 싼뗄모 성에 이르는 역사가로와 근대 나쁠리 도시개혁의 상징인 스빠까 나쁠리가 서서히 눈에 보이기 시작하였다.

메가리데 성에서 북쪽 싼뗄모 성에 이르는 역사가로를 걸으면 2000년 나쁠리의 역사 속을 다니는 듯하다. 불패의 성 싼뗄모에 서면 천년 건축군의 역사가로가 현대 나쁠리의 도심을 가로지르는 것을 볼 수 있다. 산에서 바다로 향하는 남북의 역사가로는 도시 한가운데서 바다와 나란한 동서의 스빠까 나쁠리에 의해 도시 도처로 번져간다. 산에서 바다로 향하는 역사가로와 바다와 나란히 도시를 자르고 나간

2 1967년에 발표한 건축과 도시의 새로운 패러다임에 관한 선언.

육지와 방파제로 연결된 메가리데 성. 싼따 루치아 항에 면해 있다.

스빠까 나뽈리에 의해 나뽈리의 2000년 시공간 구조가 현재와 하나가 된다.

  나뽈리에는 참으로 볼 것이 많다. 띠베리우스(Tiberius) 황제가 로마를 떠나 봉화로 제국을 통치했던 까쁘리 섬, 1000년의 삶이 오늘까지 그대로 이어지고 있는 쁘로치다 섬, 가난한 남부 이딸리아인들이 신대륙으로 가기 위해 모여든 싼따 루치아 항, 2000년 전 화산폭발로 뽐뻬이와 함께 묻혔다가 발굴된 부자 마을 에르꼴라노, 나뽈리 왕국의 누오보 성, 활화산 베주비오 산 등등. 한달이 걸려도 다 못 볼 수많은 장소가 있다. 밤이면 젊음이 넘치는 단떼 광장, 장원에서 벌어지는 한밤의 음악회, 배가 고픈 것을 행복하게 느끼게 하는 참으로 맛있는 나

메가리데 성 229

뽈리의 피짜들, 로마의 다른 옛 도시 뿌떼올리 등이 모두 나뽈리를 나뽈리답게 하는 현장이다. 그러나 그 어느 것도 메가리데 성만한 것이 없다.

  스스로 도시이고자 한 건축으로서, 2000년 전 신도시가 하나의 건축이 되어 있는 예언적 도시 건축으로서, 역사가로의 원점공간으로서 메가리데 성은 나뽈리의 가장 중요한 장소다. 메가리데를 알고 나서 까쁘리의 아름다움과 쁘로치다에 남은 귀중한 옛 생활과 스빠까 나뽈리의 개혁정신을 더 잘 알 수 있었다. 도시를 알아야 건축을 알 수 있고 건축을 알아야 문명의 실체를 이해할 수 있는 것이다. '메가리데 선언 94'에 참여한 것을 계기로 선언 이후 프로그램의 6인 대표로 선정되어 유엔 하비타트(HABITAT)Ⅱ에서 주제발표도 하게 되고, '21세기 도시선언'을 계기로 건축이 도시고 도시가 건축 형식인 메가리데 성을 알게 된 것과 메가리데 성을 통해 2000년 도시 나뽈리의 역사형국을 느낀 것은 큰 행운이었다.

  이제 나뽈리로의 여행은 단순한 여행이 아니라 나의 과거와 미래로 가는 여행이다. 새벽 여명을 뚫고 바다 위로 솟는 2000년 건축도시 메가리데를 내려다보면서 21세기 도시의 원형을 그려본다. 베네찌아만한 도시가 없고 싼 마르꼬 광장만한 장소가 없다고 생각했는데 이제는 베네찌아와 나뽈리를 함께 이해할 수 있을 듯하고 싼 마르꼬 광장과 메가리데 성이 하나인 것을 안다. 도시의 역사 속에서 현대도시의 미래를 발견할 수 있어야 한다. 싼따 루치아 항에서 아침을 먹고 싼뗄모에 이르는 역사가로를 걸어 동쪽 뽐뻬이에서 솟아오르는 태양을 바라보며 역사와 개인의 만남을 가슴 깊이 느낀다.

자금성

9999칸의 세계 최대 왕궁 자금성은 뻬이징 도성의 중심에 자리잡은 명·청 양조 황제의 궁궐로 중국 건축의 모든 것이 집약된 거대한 건축군이다. 뻬이징에는 역사도시의 모습이 몇몇 구역 이외에는 모두 파괴되었으나 도시적 규모의 자금성이 도성 한가운데 자리잡고 있어 과거와 현재가 공존하는 역사도시로 남아 있다.

자금성 들여다보기

자금성(紫禁城)은 명대의 성조가 20~30만 명의 민간인과 군대를 동원해 1407년에 공사를 시작하여 14년에 걸쳐 건설한 황궁이다. 청조에는 부분적인 중건과 재건이 있었을 뿐 전체적인 배치는 변동이 없었다. '천하의 모든 노력을 다하여 황제 한 사람을 받든다'라고 할 만큼 500여 년간 부단히 고쳐 지어졌고, 인력과 물력도 예측하기 어려울 정도로 소요되었다.

명·청 시기의 건축은 중국 고대건축의 전통을 따르며 계속 발전하였고 후에 중국 고대건축사 절정기의 것으로 기록되는 뻬이징성(「천단」의 뻬이징성 지도 참조)은 전형적인 왕조의 도성건축이다. 명대의 뻬이징은 원의 따뚜(大都)[1] 기초 위에 개건, 확장되어 건설된 것이다. 명대 가정(嘉靖) 32년(1553년)에 경성의 방어와 성곽 남부의 수공업·상업 구역을 보호하기 위하여 성의 남쪽에 하나의 외성을 덧붙여 축성하였다.

명·청 시기의 뻬이징성은 전형적인 왕조의 도성으로, 역대 도성의 경험을 계승한 최대의 도성이다. 남에서 북으로 7.5km에 이르는 축선이 도성 전체의 골간을 이룬다. 이 축선의 남단은 외성의 영정문(永定門)을 기점으로 하여 내성의 정문인 정양문(正陽門)에까지 이른다. 대로 양편에 두 개의 대규모 건축군을 배치하였다. 봉건 전통에 따라 동쪽은 천단(天壇)이고 서쪽은 선농단(先農壇)이다.

내성의 가로와 골목은 원대 따뚜의 계획을 원용하였고 뻬이징의 가로체계는 모두 두 개의 남북 대간선도로와 연계된다. 이는 중국 고대도시의 전통적인 가로 계획방식이기도 하다.

뻬이징 도성의 황성(皇城)인 자금성은 내성의 중앙에서 남쪽으로 편중되어 있다. 동서는 약 2500m, 남북은 2750m이고 성곽은 네 방향에 문을 열었으며 남쪽의 문이 천안문(天安門)이다.

자금성은 높은 곳의 정자와 탑, 낮은 곳의 작은 구릉 혹은 교량을 이용하여 멀리 교

1 원의 수도로 화북평원의 북단에 위치하며, 고대 한족의 전통적인 도성 배치에 따라 1264년에 착수해 8년에 걸쳐 완성하였다.

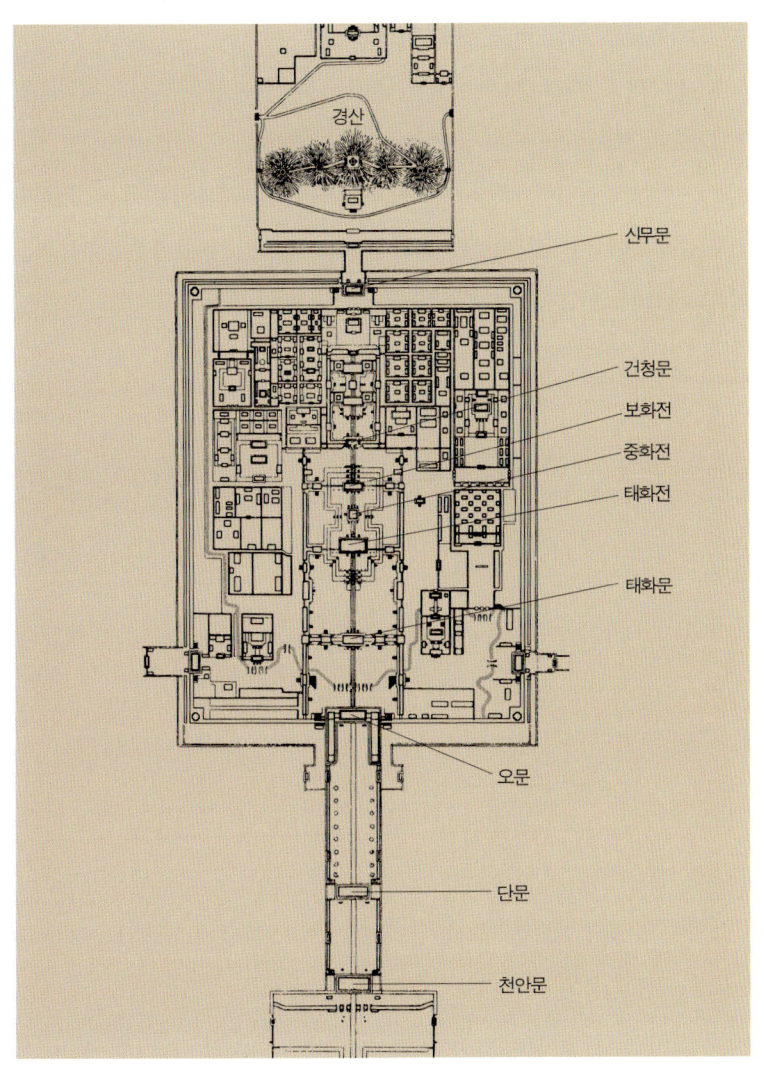

자금성의 배치도. 북쪽에 경산이 보인다.

외의 서산에 연계시켜 공간의 심도를 확대하고, 서로 다른 체형의 각종 건축을 함께 배치하여 기복 있는 궁성의 윤곽을 구성하고 있다. 태화전(太和殿)은 최고 등급의 건축물로서 겹처마를 한 모임지붕 형식을 채용하였고 3층의 백색 기단 위에 지어진 정면 11칸의 건물이다. 대량의 금색을 사용하였으며 붉은 색의 벽과 기둥 그리고 황색 유리기와는 황궁건축물만이 전유하는 요소이다.

　　대청문에서 경산까지 주요 건축은 완전히 축선 위에 두어 엄격한 대칭의 배치를 유지하였으며, 전체로서의 조화와 통일성을 위해 형식이 유사하고 비교적 간단한 개체 건축을 반복하며 동일한 색채를 이용하였다. 황색 유리 지붕과 붉은 색 담, 붉은 색 기둥 및 규격화된 채화 등은 모든 건축에 황금 벽의 휘황한 색채를 주어 풍부하고 통일된 예술효과를 얻고 있다.

역사가 숨쉬는 도시적 규모의 건축군, 자금성

　어렵사리 처음으로 중국에 갈 기회를 얻었을 때, 중국여행을 망설였다. 우리 문화가 중국 문화의 변방일지도 모른다는 감상적 염려도 있었고 중국만은 좀더 많은 것을 볼 수 있을 때 다녀오고 싶었다. 삼국시대 이후 중국으로부터 전해진 것이 많다. 특히 문자로 기록된 것은 거의가 중국에서 온 것이었다. 나는 내 DNA 속에 있을 수천년에 걸친 답습의 유전인자를 두려워한 것이다. 우리의 원형이 중국에 다 있다면 어떻게 할 것인가. 그러면 나는 무엇이란 말인가.

　문명의 전이가 시작된 것은 역사시대 이후부터였다. 그래서 나는 문자 이전의 시대인 청동기시대와 초기 철기시대의 유물 속에서 우리 고유의 것을 찾으려 하였다. 베네찌아 비엔날레 한국관 설계 때 '고고학적 미래주의'를 나의 건축철학으로 발표한 것도 그런 연유에서였다. 그러나 끄리띠 섬에 그리스 문명의 원류가 있고 로마 문명의 대부분이 그리스로부터 온 것일지라도 에에게 문명과 그리스 문명과 로마 문명은 모두 독자의 세계를 가진 문명인 것이다.

　중국에는 좀더 많은 것을 안 후에 가고 싶었으나 길을 나섰다. 그때만 해도 뻬이징으로 바로 가지 못하여 톈진(天津)을 경유했다. 뻬이징에 처음 당도했을 때 적잖이 당황했다. 내가 생각했던 뻬이징이 아니다. 『열하일기(熱河日記)』에서 읽은 뻬이징의 모습은 어디에도 없다.

세계 어디에나 있는 현대건축의 더미가 이미 옛 도성을 대부분 점거하고 있었다.

그러나 다음날 천안문 광장에서 자금성으로 들어서자 이 거대한 도시는 원래의 모습을 드러내기 시작했다. 우리의 옛 도시와 건축을 연구하는 사람들이 알아야 할 외국의 예가 있다면 그것은 단연 경복궁의 모델이기도 한 자금성이다. 자금성은 13세기 중엽부터 지금까지 중국의 수도인 성곽도시 베이징 한가운데 다시 성벽을 쌓고 만든 도시 속의 도시이다.

옛 베이징의 지도와 자금성의 도면을 가지고 궁성으로 들어선다. 2.5×2.75km인 자금성의 정면에 있던 대명문과 천보랑은 철거되어 천안문 광장이 되었으나 정문인 천안문에서 북문인 건청문(乾淸門) 사이의 부분적 공간은 옛 모습이 모두 남아 있다. 건축적 규모라기보다 도시적 규모의 건축군이다. 수많은 상징이 강조되었는데 개개 건물뿐 아니라 성 전체가 다 그러하다. 성벽과 성문, 문루, 각루 등은 중후하며 높고 큰 형체를 갖추고 있다. 중심축을 기준으로 전체를 하나의 축선상에 집결시키는 공간형식으로 이루어진 자금성의 건축적 특성은 개성이 배제된 집단의 작품이라는 점에 있다.

천안문을 지나면 좌우에 사직단(社稷壇)과 태묘(太廟)가 있고 세 외문을 지나 태화문에 들어서면 자금성의 정전(正殿)인 태화전이 나타난다. 하늘 이외에는 자연의 것이 아무것도 없는 완벽한 인공의 세계에 당도하게 된다. 완강한 기하학의 반복인 축상의 공간군이 현란한 황색 기와와 붉은 기둥의 건축군을 형성하고 있다. 황제의 즉위식 등 국가적 행사가 거행되는 태화전 앞의 광장은 조회와 대전을 거행하던 가장 중요한 공간이다. 옛 그림에서 그 장엄한 공간의 의식을 본

천안문에서 경산에 이르는 축을 보여주는 자금성의 항공사진.

적이 있다. 권력을 상징하는 공간은 의식의 장치들이 함께 있을 때 본래의 모습을 드러내는 것이다. 그러나 지금 보이는 광장은 모든 출연자와 장치가 사라진 빈 무대일 뿐이다.

  태화전, 중화전(中和殿), 보화전(保和殿)의 세 전각은 황제의 낮의 공간이다. 낮의 공간은 모두가 권력의 공간이지만 황제와 황후가 거처하는 건청궁(乾淸宮), 교태전(交泰殿), 곤녕궁(坤寧宮)은 황제의 사적인 삶인 밤의 공간이다. 건청문을 지나면 천안문 이후 처음으로 나무와 꽃과 흙이 나타난다. 이곳은 사람이 사는 공간이다.

자금성 **237**

천안문에서 오문을 지나 태화문, 건청문에 닿는 완강한 남북의 축은 계속 이어져 북쪽 경산에 와서 완결된다. 자금성은 전체가 하나의 건축군인 집합형식의 건축도시이다. 일련의 중요 건물은 모두 남북을 잇는 축에 배치되어 있고, 남향의 야외공간은 제사의식과 천지에 기원하는 의식의 장으로 신성시되었다. 기본틀은 직사각형의 격자 패턴이며 주동선은 남북방향이고 중요한 문은 성벽의 중앙에 놓여 있다. 『주례』의 「고공기」에 근거한 공간원칙이 방 하나에서부터 성 전체에 이르기까지 시종일관하고 있다. 되돌아 나오지 않고 북문을 지나 자금성 바깥으로 나왔다. 앞의 세 전각과 뒤의 세 궁을 보는 데만 세 시간이 걸렸다. 모두가 『주례』의 도시형식을 충실히 따르고 있다. 이들에게는 개별적 변용이라는 것이 없다. 성곽을 돌아 10리를 걸어서 다시 천안문 앞 제자리로 돌아왔다.

우리와는 많이 다르다. 중국은 중국이고 우리는 역시 우리였다. 20년 전 1년 가까이 거의 매일 경복궁에 다녔다. 아홉시에 문을 열면 제일 먼저 들어가 경복궁을 한바퀴 돈다. 그때만 해도 중앙청과 30경비단이 경복궁의 상당부분을 점유하고 있었다. 국립박물관을 둘러보고 나면 열시가 된다. 그러고는 사무실로 갔다. 경복궁 구석구석이 다 익숙하고 박물관에 진열된 문화재들이 개인 소장품 같을 정도였다. 어느 때는 두 시간도 있고, 잠시 거닐다 바로 나오기도 했지만 경복궁 가는 일이 일상생활의 중요한 부분이었다. 그래서 자금성 가기를 더 주저했는지도 모른다. 하지만 중국에 가보니 내가 걱정했던 것은 모두 기우였다. 자금성은 자금성이고 경복궁은 경복궁이었다.

조선조의 정도(定都) 당시의 기록을 보면 도시 설계과정의 기록이 모호해서 답답할 때가 많다. 한양의 도시 모델은 베이징이 아니라

자금성의 중심인 황제의 공간 태화전.

『주례』의 「고공기」였다. 서울과 경복궁이 많은 부분에서 뻬이징과 자금성을 원형으로 한 것은 사실이지만 당시 정도전(鄭道傳) 등은 단순한 모방이 아닌 「고공기」의 논리와 도가의 원리에 의해 한양을 설계하였으므로 실제의 도시와 건축은 다른 차원의 것이었다.

뻬이징과 서울은 다른 도시이고 자금성과 경복궁도 여러 면에서 다르다. 건축형식에서도 공법은 같으나 건축미학에서는 독자의 모습을 갖고 있다. 자금성에는 인간이 만든 기하학과 빈 하늘만이 있는 반면 경복궁에는 북한산과 인왕산으로 이어지는 자연의 형국이 궁성과 하나가 되어 있다. 자금성은 자연을 가지려 하고 경복궁은 자연과 하나가 되려고 한다. 자금성은 스스로가 원점의 공간으로 주변의 자연에

태화전의 내부. 가운데에 최고의 황권을 상징하는 옥좌가 보인다.

상관하지 않는 독존의 질서를 가진 데 비해 경복궁은 주변의 토지형국과 자연의 흐름이 하나가 된 건축군을 이루고 있다. 자금성은 『주례』의 「고공기」 원리가 대공간군을 이룬 기하학적 질서의 공간이며 경복궁은 유교의 공간형식과 도가의 철학이 함께한 유기적 질서의 공간이다. 서울에는 원래의 공간형국이 남아 있으나 뻬이징에는 기본 형국의 핵심부만이 남아 있고, 경복궁은 훼손되었으나 자금성은 보존되어 있다.

우리는 경복궁을 다 알고 있지 못하다. 자금성을 통해 어제와 오늘과 내일의 서울에서 경복궁이 가지는 의미를 다시 생각해본다. 자금성은 한때 특별한 사람 이외는 접근할 수 없는 닫힌 공간이었으나 지금은 살아있는 세계 최대의 고건축군으로서 최고의 소장품을 가진 역사박물관이다. 그러나 경복궁은 지난 시대의 불완전한 유적이며 의미가 상실된 빈 공간으로 남아 있을 뿐이다. 경복궁을 단순히 창건 당시의 모습으로 복원하는 것만으로 역사를 다시 세울 수는 없다. 경복궁의 역사적 공간군을 21세기 서울의 공동체적 기억의 원형공간이 되게 복원해야 하는 것이다.

자금성에 서면 우리 문화와 중국 문화 간의 5000년에 걸친 이질성과 동질성의 숙명적 인과를 생각하게 된다. 우리 문명의 어디까지가 중국의 변방이고 어디까지가 우리의 것인가를 자금성에서 느낄 수 있어야 한다. 자금성과 경복궁의 비교 연구는 한국과 중국의 도시와 건축의 본질을 이해하는 좋은 계기가 될 수 있을 것이다.

다시 돌아보고 싶지만 다리가 아프다. 하늘만 있는 무대를 세 시간씩 다니다 보면 누구나 지칠 것이다. 이들은 우리와 많이 다른 사람들이다. 그러나 자금성에 경복궁과 비슷한 문법이 있는 것은 사실이다. 중국 건축사와 한국 건축사를 함께 볼 수 있는 시간이 와야 진정한 우리의 것을 만들 수 있을 것이다. 건축은 시적 감수성과 형이상학적 이성을 표현할 수는 있으나 어디까지나 공간구조물이다. 공간형식으로서의 한국의 것을 찾으려면 우리의 고고학에서 시작해야 하지만 한국 건축사에 큰 문법의 틀을 보여준 중국 건축을 우선 철저히 알아야 할 것이다. 중국을 알기 위해 『예기(禮記)』와 『시경(詩經)』을 공부하는 일도 중요하지만 중국의 역대 도성에 대한 연구도 필요하다. 서위·북

2 528년에 건설된 수·당의 수도로 방정대칭(方整對稱)의 원칙에 따라 바둑판 형태로 나누어 108개의 방과 리로 구성하였다. 남북 축선상에 궁성이나 황성 등 중요한 건물이 위치한다.

주의 도성으로 시작한 당나라의 도성 창안(長安)[2]에서부터 원나라의 도성 따뚜와 명나라의 도성 뻬이징 그리고 청나라에 와서 재정립된 뻬이징을 경주·개성·한양과 비교 연구할 수 있어야 한다. 내일은 운동화를 신고 와서 자금성을 종일 걸어보려 한다. 자금성을 넘어야 나의 경복궁을 그릴 수 있을 것이 아닌가.

끄렘린

끄렘린은 모스끄바 한가운데 있는 성채이다. 12세기에 처음 성을 쌓기 시작했으며 지금의 붉은 벽돌 성벽은 이반 3세가 이딸리아의 건축가들을 초청하여 건설한 것이다. 끄렘린 안에는 근 600년에 걸친 서로 다른 시대의 건축군이 함께 모여 있다. 14세기 초의 우스뻰스끼 성당이 첫 건물이며 1961년 쏘비에뜨 전당대회장이 마지막으로 세워졌다.

끄렘린 들여다보기

끄렘린(Kremlin)은 모스끄바 시가지의 방사환상형 도로체계의 핵심에 위치하여 지리적으로 모스끄바의 중심일 뿐 아니라 수세기에 걸친 정치·종교·역사 변혁의 핵심장소이다. '성채'를 뜻하는 끄렘린은 모스끄바 강변의 높은 지대에 구축되어 있고, 동쪽으로는 성 바씰리 사원이 위치한다.

이 지대에 최초의 성을 만든 것은 유리 돌고루끼(Yuri Dolgoruky) 황제 때인 12세기인데, 그때는 지금의 10분의 1 규모밖에 되지 않았다. 이후 몽골 따따르(Mongol-Tatar)족의 침입으로 불탄 뒤 1326~39년에 참나무 성벽으로 재건되었고 그 안에 석조의 우스뻰스끼(Uspensky) 성당이 세워졌다. 1367~68년에는 나무 성벽을 백색 돌로 교체하여 모스끄바는 백석의 도시로 불리기 시작했다. 100여 년 후에 이 백색 돌 성벽은 적벽돌 성벽과 탑으로 중건되었고, 여러 차례의 보수를 거친 끝에 현재 규모의 끄렘린이 되었다. 중건시에 이반 3세는 몽골 따따르의 멍에를 벗어던진 중앙집권 국가로서의 러시아 제국의 모습이 끄렘린에 반영되길 원했다. 끄렘린의 건설에는 아리스또뗄레 피오라반떼(Aristotele Fioravante) 등의 이딸리아 건축가들이 초청되었다.

1712년 수도가 뻬쩨르부르끄(Peterburg)로 옮겨지면서 끄렘린은 짜르의 별장이 되고 러시아 황제들은 여기서 대관식을 했다. 19세기에 병기고와 끄렘린 궁전이 들어서고, 1918년 과거의 문화적·예술적 유물을 국가의 보호 아래 두기로 한 레닌(Lenin)에 의해 대대적인 복구작업이 시작된다. 뾰족지붕 꼭대기에 붉은 루비별이 달린 다섯 개의 높은 탑은 이러한 일련의 작업에 의해 만들어진 것이다.

끄렘린 건물군의 중심은 로마노프(Romanov) 왕조의 대끄렘린궁이다. 1839~49년에 건설한 길이 125m의 건물인데, 정면 파싸드가 모스끄바 강을 바라보고 있다. 정면은 3열의 창으로 되어 있으나 실은 2층 건물이다. 1층의 아치창은 얇은 벽으

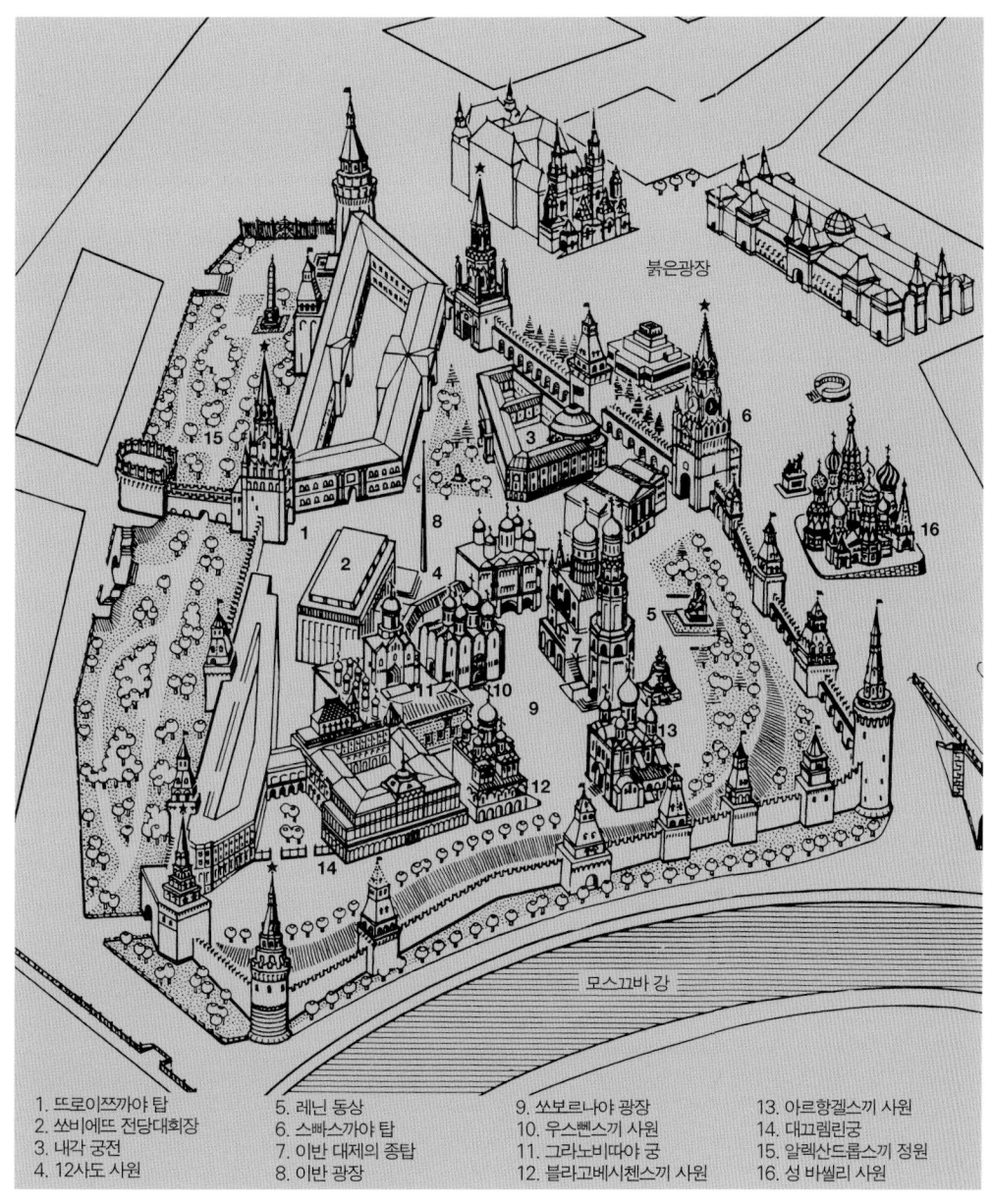

1. 뜨로이쯔까야 탑
2. 쏘비에뜨 전당대회장
3. 내각 궁전
4. 12사도 사원
5. 레닌 동상
6. 스빠스까야 탑
7. 이반 대제의 종탑
8. 이반 광장
9. 쏘보르나야 광장
10. 우스뻰스끼 사원
11. 그라노비따야 궁
12. 블라고베시첸스끼 사원
13. 아르항겔스끼 사원
14. 대끄렘린궁
15. 알렉산드롭스끼 정원
16. 성 바씰리 사원

끄렘린의 조감도. 정문 격인 뜨로이쯔까야 탑을 지나 끄렘린에 들어서면 14세기에 지은 성당에서부터 1961년에 지은 쏘비에뜨 전당대회장에 이르기까지 600년 동안 지어진 건물들이 혼재되어 있다.

로 분리되어 있으며 건물의 중앙부는 황금의 돔으로 되어 있다. 궁 안에 있는 61× 20.5m에 높이 17.5m의 성 게오르기(Georgi) 홀은 매우 훌륭하며 18개의 나선형 주랑과 화려하게 처리된 장식이 특징이다.

다른 특징적인 건축물로는 황제의 사원에 있는 이반(Ivan) 대제의 종탑이 있는데 모스끄바에서 가장 높은 탑이다. 16~19세기에 세워진 이 탑은 세 개의 흰 기둥 형식으로, 장식이 풍부하고 황금 돔으로 되어 있다. 끄렘린의 전망대 역할을 하며 모스끄바 시내의 전경을 반경 30km까지 볼 수 있고 현재는 모스끄바 끄렘린 문화전시장으로 활용되고 있다. 모스끄바의 많은 기둥 모양 성당들이 이 종탑을 본뜬 것이다.

각기 다른 시기에 세워진 옛 건물군 속의 유일한 현대식 건물이 대끄렘린궁 북쪽에 위치하는 쏘비에뜨(Soviet) 전당대회장이다. 1959~61년에 기념비적이면서도 단순한 건물로 세워졌다. 총 4만㎡에 120×70m 넓이, 지반으로부터 29m 높이이다. 다른 건물과 조화를 이루기 위해 지반에서 15m 내려가 있으며 800개의 방과 홀이 있다. 6000명을 수용할 수 있는 5층에 있는 강당은 군사 시설의 기능도 지닌다.

육백년을 거듭난 모스끄바의
원형공간, 끄렘린

어제는 흐리고 눈발이 가득하더니 오늘은 하늘이 맑고 푸르다. 옥상에 올라가지 못하게 하여 남의 호텔 방에서 끄렘린을 내려다본다. 모스끄바 강과 끄렘린은 모스끄바의 원형공간이다. 도시의 모든 장소는 끄렘린과 모스끄바 강으로부터의 방향과 거리로 이름지어진다.

8만 4000평으로, 경복궁보다는 작고 덕수궁보다는 큰 성벽 안의 건축 집합인 끄렘린은 러시아의 국가적 상징이며 모스끄바의 상징적 중심이다. 모스끄바는 유럽의 도시와 달리 목조의 도시였다. 경주가 불타 역사 속으로 사라진 그 해에 모스끄바의 끄렘린도 불타버렸다. 다른 점이 있다면 경주는 역사의 기억장치인 건축과 도시가 소멸되어버려진 채 일부의 유적으로만 남았으나 모스끄바와 끄렘린은 살아있는 인류의 유산이 되었다는 점이다. 13세기에 불타 사라진 목조의 성채가 200년 만에 석조의 도시로 다시 탄생한 것이다.

당시 세계 최고였던 이딸리아 건축가들과 협력한 러시아 건축가들이 성벽을 다시 쌓고 주요한 사원들을 지었다. 700개의 방이 있는 대끄렘린궁은 19세기에 세워진 건물이다. 1712년 새로운 수도 뻬쩨르부르끄로 대부분의 권력과 부가 이동하고 1812년 나뽈레옹에 의해 점령된 후 다시 초토화되었으나 불사조같이 곧바로 회복한 것이다.

쏘비에뜨 정부가 세워지고 쏘비에뜨 전당대회장이 끄렘린 안에 들어서 끄렘린이 사회주의 세계의 상징적 중심이 되면서 붉은광장과 더불어 끄렘린은 세계에 널리 알려진 명소가 되었다. 성 바씰리 사원이 있는 끄렘린 동쪽의 붉은광장은 러시아 최대의 장터였고, 끄렘린 남쪽 모스끄바 강변은 전 러시아의 문물이 집합하는 장소였다. 강에 면한 끄렘린에는 물의 길을, 붉은광장에는 땅의 길을 이용해 물류와 사람이 모였던 것이다.

끄렘린에 인접하여 붉은광장 한가운데 레닌의 무덤이 있다. 쎄나쯔까야(Senatskaya) 탑 바로 앞이 레닌의 무덤이고 뒤가 쏘비에뜨 내각궁전이다. 내각궁전은 끄렘린의 붉은 벽돌 벽에 바짝 붙은 채 서 있다. 광장 북쪽 니꼴스까야(Nikolskaya) 탑 옆의 역사박물관은 17세기부터 18세기 초 사이에 지은 붉은 벽돌 건물인데 일반적 양식을 답습한 진부한 건물이다. 어떻게 성 바씰리 사원을 바로 마주보는 광장 전면에 이런 건물이 들어섰는가. 끄렘린의 바로 건너에 엄청난 규모로 들어선 대형 쇼핑쎈터 굼(Gum) 역시 19세기 말에 세워진 상업건물로 세속적인 건축이다. 굼 안으로 들어선다. 밖의 경박함이 안에도 가득하다. 성 바씰리 사원과 끄렘린 사이 2만 평의 붉은광장 양편에는 이런 상식적이고 진부한 건물 둘이 짝을 이루고 있다.

가벼운 스넥점과 바 이외에는 거리에 식당이 없다. 이들에게 좋은 식사는 아직 일상이 아닌 모양이다. 호텔로 돌아와 육계장 같은 수프와 감자를 함께 찐 생선을 시킨다. 발이 많이 아프다. 지난번에 발톱을 잘못 깎아 내내 불안하였는데 비행기에 타서야 곪기 시작한 걸 알았다. 걸을 때마다 통증이 울려 퍼진다. 열흘 내내 고생하게 되었다. 이것 저것 벌여놓은 것이 많아 서울에서의 생활은 말이 아니었다. 바쁘면 바보다. 건축가는 당대의 필요에 집착하지 말아야 한다. 그가 속

끄렘린의 바깥쪽 붉은광장. 오른쪽 성벽 아래 레닌의 묘가 있고 그 뒤가 러시아 내각 궁전이다. 정면에 성 바씰리 사원이, 왼쪽에 굼이 보인다.

한 나라의 과거와 미래를 잇는 가교의 공간을 만들기 위해서는 평생의 시간도 부족하다. 이것저것 참견할 시간이 없다. 일과 연관된 것이 아니면 어디에도 관여해서는 안된다.

호텔 약방의 아가씨는 화장만 요란하다. 상처를 보여도 모른다. 공산주의적 고용의 창출이 입구를 빙빙 돌려가며 만들어 도처에 수위를 두고, 체크인은 세 단계 걸쳐 하며 체크아웃을 방에서 하게 하는 식의 인력과용을 낳은 것은 이해할 수도 있겠으나 아무나 전문직에 있게 하는 넌쎈스는 이해하기 어렵다. 유럽에서 제일 크다는 로씨야(Rossiya) 호텔은 3070실에 침대만도 5500개인데 제대로 된 약사 하나 없다. 2600석의 콘써트 홀은 있어도 정작 필요한 것은 없다.

이제 본격적으로 끄렘린 안으로 들어선다. 끄렘린의 정문인 뜨로이쯔까야(Troitskaya) 탑을 지난다. 옛날에 네글린나야(Neglinnaya) 강이 있던 곳으로 지금은 알렉산드롭스끼(Aleksandrovsky) 공원인 이곳은 나뽈레옹이 모스끄바에 입성했던 곳이다. 바로 주변에 레닌 도서관과 뿌시낀 미술관이 있으나 어디서나 쉽게 볼 수 있는 진부한 근대 건축들이다.

정부 요원들이 다니는 입구는 붉은광장 쪽의 스빠스까야(Spasskaya) 탑이고 정문인 뜨로이쯔까야 탑은 일반에 공개되어 있다. 끄렘린 내부는 공개구역과 비공개구역으로 나뉜다. 청와대 주변을 공개하는 아무것도 아닌 일을 가지고 그렇게 법석을 떤 것은 한번도 제한되지 않은 붉은광장을 공개하겠다는 것만큼 우스운 일이다. 안으로 들어서는데 잠시 실망스럽다. 15~16세기에 지은 성당과 18~19세기에 세운 정부 건물이 뒤섞여 있다. 들어서자마자 왼쪽에 거대한 병기고가 보이고 바로 이어 끄렘린 내각궁전이 나타난다. 평범한 러시아 고전양식의 건물이다. 입구 오른쪽에는 공산당 전당대회를 하던 흰 대리석 건물인 6000석 규모의 대회의장이 있다. 1961년에 지은 흔한 현대건축이다.

병기고와 끄렘린 내각궁전과 쏘비에뜨 전당대회장을 지나 이반 광장부터는 15세기의 공간이다. 흰 벽과 금빛 돔으로 이루어진 그리스 정교의 사원들이 쏘보르나야(Sobornaya) 광장 주위에 모여 있다. 끄렘린에서 가장 높은 이반 대제의 종탑과 황실 무덤인 아르항겔스끼(Arkhangelsky) 사원, 황실 사원인 블라고베시첸스끼(Blagoveshchensky) 사원, 1000여 명의 화가가 참여하여 성화로 장식한 우스뻰스끼 사원, 박물관으로 사용되는 12사도 사원, 이반 3세 시대의 그라노비따야(Granovitaya) 궁이 광장 주위에 문득 500년 전의 시간과 공간을 재현하고 있다.

아르항겔스끼 사원에서 뾰뜨르(Pyotr) 대제와 이반 대제의 유리관을 보았다. 16세기 러시아 건축양식으로 이루어진 내부공간은 평범하나 성화는 대단하다. 벽에 설화와 역사의 시간을 담았다. 이반 대제가 복원한 황실 사원인 블라고베시첸스끼는 밖에서는 그저 그러려니 하였으나 내부에 들어서면서 압도되었다. 공간형식의 비례도 훌륭하고 회랑에서 내부의 대공간으로 이어지는 사이의 공간도 대단하다. 회랑의 성화는 큰 발견이고 주공간의 결구에는 깊은 깨달음의 아름다움이 가득하다. 건축공간과 미술이 혼연일체된 끄렘린 최고의 공간이다. 참으로 큰 건축이다. 어느 책에도 나와 있지 않은 이런 인

이반 대제의 종탑. 왼쪽이 황실 무덤인 아르항겔스끼 사원이고 오른쪽이 우스뻰스끼 사원이다. 황금빛 돔 뒤로 모스끄바 신시가지가 보인다.

모스끄바 강에서 바라본 끄렘린 야경.

류의 보석을 보게 되는 것은 행운이다. 성 바씰리 사원에서는 누구나 감격하지만 이반 대제의 황실 사원의 감동은 그것과는 또다른 것이다. 다시 밖에서 바라본다. 역시 건축의 아름다움은 내부공간에서 일으켜져야 한다. 석굴암에서 느낀, 전율하듯 다가오는 공간의 내밀한 언어를 이제 조금 알 듯하다. 모스끄바 강가에서 다시 바라보고 싶다. 내부공간에 대해 더 연구하여야 한다. 형태가 아닌 공간으로 말할 수 있어야 한다. 그래서 역사 앞에 헌정할 수 있는 공간을 만들어야 한다. 오늘 같은 날은 발이 아파도 보드까를 마실 수 있을 것 같다.

모스끄바 강변에서 끄렘린을 바라본다. 끄렘린의 육지에서의 정문은 강 반대편 알렉산드롭스끼 공원이고 외부에서의 정면은 모스끄바 강이다. 강을 따라 긴 성벽이 달리고 곳곳에 망루와 문루가 있다. 성

끄렘린의 남동쪽 외벽을 따라 흐르는 모스끄바 강에서 바라본 끄렘린.

한가운데 황금 돔을 머리에 인 백색의 사원이 모여 있고 이반 대제의 망루가 이를 지키듯 서 있다. 백색의 사원과 성벽 사이에 르네쌍스의 공공건물이 들어서 있는 것이 보인다. 시대별로 각기 색깔과 공간형식이 다르다. 모스끄바는 끄렘린을 핵으로 한 세 환상원과 방사선으로 구성된 도시인데 모스끄바 강과는 유기적 연계를 이루지 못하고 있다. 한때 도시의 1번 가로였던 모스끄바 강이 도시 뒤로 밀려 있다. 서울에 구도심과 오늘의 도시구조가 혼재돼 있는 것과 같다.

  600년 전에 지어진 경복궁은 왜란 때 불타고 대원군의 복원공사 후 또다시 일본인에 의해 상당부분이 철거된 채 조선총독부가 들어서고 국립중앙박물관이 옮겨오는 등 변화가 있었으나 끄렘린의 원형 손상에 비할 바는 아니다. 경복궁과 끄렘린에 대한 비교 연구를 시도해보아야겠다. 끼예프(Kiev)에서 모스끄바로 천도한 시기와 개성에서 한양으로 수도를 옮긴 시기가 비슷하고, 뻬쩨르부르끄로의 천도와 수원성의 축조가 동일한 시기여서 흥미롭다.

21세기는 도시의 세기다. 지식인이라면 21세기의 주무대가 될 세계의 도시를 우선 넓게 알아야 한다. 싸스키아 싸쎈[1]의 『글로벌 씨티』(*The Global City*, 1991)를 다시 읽어보아야겠다. 공부는 할수록 더 할 것이 많아지고 모르는 것도 많아진다.

걷는 일이 작은 고역이다. 투어버스를 타고 가이드의 안내를 받으며 모스끄바를 일주한다. 끄렘린을 중심으로 한 세 환상선을 다닌다. 모스끄바 대학과 올림픽 공원을 지난다. 모스끄바의 큰 건물은 거의가 다 공공건물이다. 국가조직이 도시의 하드웨어가 되어 있다. 최근에 지어진 큰 건물은 거의 다 호텔이다. 자료를 얻기 위해 이틀이나 다녔지만 이 도시에는 책방이 눈에 띄지 않는다. 책방이 있어도 관광책자밖에 없다. 밀라노, 런던, 뉴욕 어디든 곳곳에 책방이 있는데 모스끄바에서는 보이지 않는다. 이들은 책을 읽지 않는 모양이다. 도처에 일하는 자세를 취한 사람들뿐이다.

[1] Saskia Sassen / 콜럼비아 대학 도시계획 교수.

싼 지미냐노

고층 현대도시의 이미지가 발원하였다는 탑의 도시 싼 지미냐노. 도시 전체가 문화재인 싼 지미냐노는 1000년 전에 시작되어 13~4세기에 오늘의 모습이 거의 완성되었다. 도시의 상징인 귀족의 탑은 염색된 옷감을 너는 실질적 기능을 가진 공간이기도 하였다. 실제적 기능과 방어의 목적 그리고 귀족들의 권력의 상징으로 세워졌던 56개의 탑 중 13개만이 남아 있다.

싼 지미냐노 들여다보기

탑으로 유명한 중세도시 싼 지미냐노(San Gimignano)는 12세기경에 이미 독립적인 자치도시였으며 포도농원과 올리브 숲이 있는 언덕 위에 위치하고 있다. 싼 지미냐노에 있는 '귀족의 탑'은 귀족들의 권력의 상징인 동시에 방어적인 목적에서 세워졌다. 당시 귀족들은 황제를 지지하는 파와 교황을 지지하는 파로 나뉘어 혈전을 벌였는데, 탑의 구멍은 위기시에 건널판을 걸어 연합귀족의 탑끼리 신속하게 연락하기 위한 것이었다. 또한 탑은 과거에 번성했던 마을의 경제활동과도 관련이 있다. 중세에 이곳은 사프라닌 염료의 비법이 전수되는 공간이었으며 태양과 먼지로부터 귀중한 옷감을 보호하는 공간이기도 했다. 당시 옷감의 가치는 그 길이로 결정되었으므로, 장인들은 높은 탑을 지어 공간이 부족해 옷감을 펼쳐놓을 수 없는 마을의 구조상의 어려움을 극복했다. 심지어 계단도 공간 낭비를 막기 위해 바깥에 있다.

마을 중심에 벽돌로 포장된 치스떼르나(Cisterna) 광장이 있다. 헤링본[1] 형식의 돌바닥이 깔린 이 광장은 높은 탑을 가진 검소한 13~14세기의 저택으로 둘러싸여 있

1 herringbone / 삼나무잎 모양의 무늬. 지그재그 무늬.

뚜스까니 지방에 위치하는 산상도시들은 언뜻 불규칙해 보이지만 통일된 양식을 지니고 있으며 교회나 광장이 성곽의 중심이 된다. 그 기원은 더 오래 전으로 거슬러 올라가지만 중세에 주로 발전했으며, 구불구불한 골목길과 멀리서 보이는 그림 같은 풍경으로 유명하다.

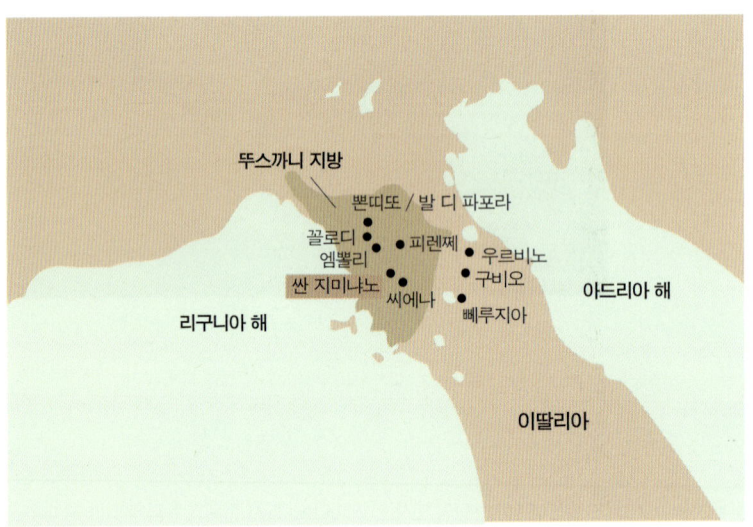

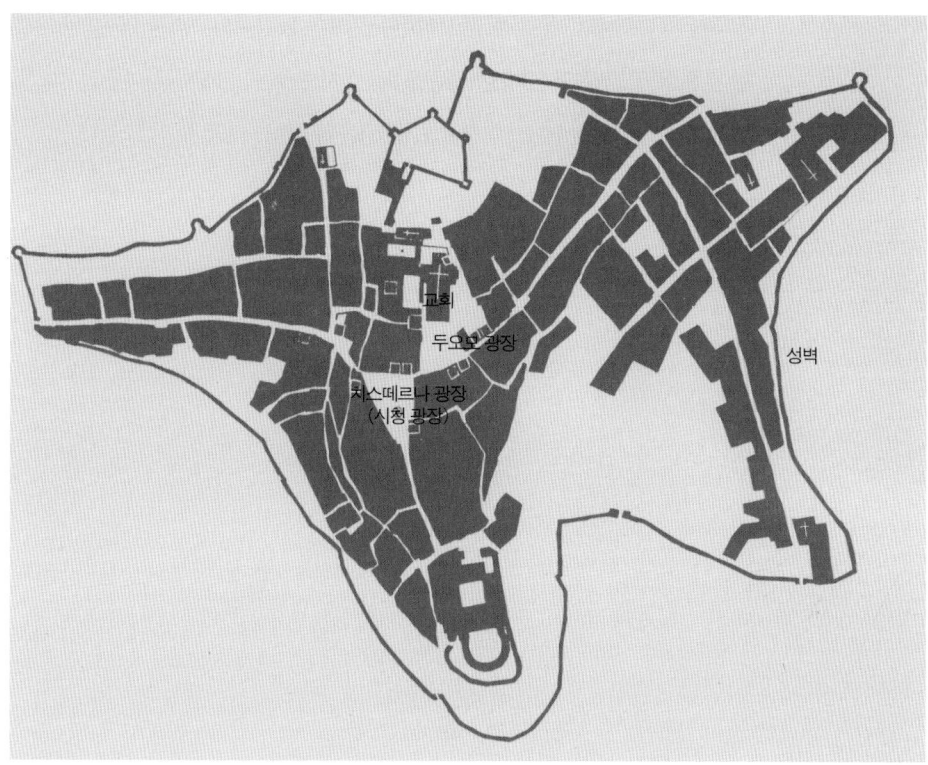

치스떼르나 광장을 중심으로 펼쳐지는 중세마을 싼 지미냐노의 지도.

는, 이딸리아에서 가장 인상깊은 광장의 하나다. 또다른 광장으로 두오모(Duomo) 광장이 있는데, 이곳에는 교회와 궁전 및 일곱 개 귀족의 탑이 줄지어 있다. 이곳의 교회는 12세기의 로마네스끄 교회로 15세기에 증축된 것이다. 교회 앞에는 두 개의 궁이 있는데 민중의 궁과 지배자의 궁이다. 민중의 궁은 13~14세기의 궁전으로 높은 탑이 있으며, 탑 꼭대기에서의 전망이 특별하여 마을 전체의 갈색 지붕과 탑 들을 한눈에 볼 수 있다.

　멀리서의 전경만 아름다운 다른 언덕 위의 도시와는 달리 싼 지미냐노는 다가갈수록 아름다움이 느껴지는 마을이다. 과거 56개의 탑 중에서 현재는 13개만이 남아 있으나 마을은 옛 모습을 잘 간직하고 있다. 이곳은 씨에나[2]처럼 중세도시가 현대문명

2 Siena / 광장으로 유명한 피렌쩨 남쪽에 위치하는 중세 도시.

싼 지미냐노 257

을 어떻게 흡수해야 하는가를 잘 보여주는 곳이다. 20세기의 조악한 건축이 들어서는 것을 금하고 있지만 완벽한 보존만을 고집하지는 않는다. 배관공사나 전기시설 개량으로, 과거의 공간 안에서 훌륭한 도시환경을 제공하는 것이다.

아름다운 중세의 탑상 도시,
싼 지미냐노

　1000년 전의 모습이 거의 그대로 남아 있는 중세의 도시 싼 지미냐노로 간다. 씨에나에서 북쪽으로 한 시간 거리에 있다. 싼 지미냐노는 960년에 세워진 도시로 한때 인구가 1만 2000 가량이었으나 지금은 3000명 정도가 살고 있다. 20만 평 남짓한 서울대 크기만한 도시다. 현대도시의 이미지가 비롯되었다는 수많은 탑으로 이루어진 산상의 성곽마을로, 도시 전체가 이곳의 흙으로 만든 벽돌로 지어졌다. 주요 부분에 돌이 쓰이기도 했으나 전체적으로 벽돌로 만들어진 도시인 것이다. 남북으로 척추처럼 길이 나고 한가운데 시청과 교회가 대각으로 엇물려 있으며 동서로는 늑골처럼 길이 열린다. 길과 길이 만나 도시 여기저기에 작은 마당을 만들고 있다. 성벽 안의 건축과 성벽이 이어져 성벽과 집이 한덩어리가 되어 있다.

　중심 광장에 이르는 길 양쪽의 건물과 광장의 비례가 마을 같은 편안함을 준다. 시청 광장에 있는 호텔로 들어선다. 입구홀 옆에 작은 중정이 있고 2층 식당 옆에는 옥상정원이 있다. 광장에 면한 발코니가 있는 방에 짐을 푼다. 2개층 높이로 트인 빨라디오[3]의 거실과 같은 높은 방이다. 현대건축에 와서 공간의 높이가 건축의 척도에서 잊혀졌다. 내부공간은 넓이와 높이의 비례가 이루는 입체의 내면인데 현대건축의 내부공간에서는 높이가 사라지고 넓이 속의 변화뿐이다.

[3] Adrea Palladio(1508~80)/ 이딸리아 르네쌍스 시기의 건축가. 건축에 끼친 영향력이 대단하여 17~8세기 영국에서 빨라디오주의가 형성됐다.

위 / 중심 광장의 전경. 교회와 탑이 보인다.
아래 / 건축공간 내부로 이어진 도시공간의 모습.

어두워지기 시작하는 마을을 돌아보기로 한다. 광장으로 연결된 길은 성벽을 우회하며 휘어져 내려간다. 정상에 광장이 있고 광장으로부터의 길은 모두 내리막길이다. 마을 뒷길로 들어서 촛불을 켠 볼트의 하얀 공간을 지난다. 촛불 속에 흰 볼트의 벽과 천장이 아름답게 반향하는 그림 같은 정경이 나타난다. 여기서 저녁을 먹기로 한다. 관광객은 아무도 없고 모두 마을 사람들이다.

작년에 유럽 와인대상을 받은 '싼 지미냐노 G7'을 시키고 요리를 주문한다. 스빠게띠 봉골레와 생선구이와 삶은 야채를 시킨다. 정갈한 집 음식은 맛도 정갈한 법이다. 와인도 일품이고 음식도 일품이다. 처음엔 테이블이 많이 비어 있었으나 식사가 끝난 아홉시쯤부터 사람들이 몰려온다. 이들은 낮 한시부터 세 시간 동안 잠을 자고 다시 일하다가 밤 아홉시부터 새벽 두시까지 즐긴다. 아침에는 우리처럼 일어나서 점심 때까지 일하니, 열심히 사는 사람은 하루를 두 번 사는 셈이다. 10년 전 사우디아라비아의 리야드(Riyadh)에서 처음 사나흘은 모두가 잠든 텅 빈 도시에 혼자 깨어 있는 기이한 체험을 하다가 열흘 후에는 나도 그 시간이면 잠을 즐기게 된 적이 있다. 약간의 낮잠은 누적된 피로를 씻어주기도 하지만 생활의 리듬을 되찾는 계기도 된다. 사람들은 일에 지친 표정이 아니라 이제 막 다시 시작하는 얼굴들이다. 좋은 마을의 구석구석을 다닌다. 밤길이어서 더 정답다. 4~5층 건물 사이의 좁고 긴 밤길에는 사람들의 오래된 사연이 쌓여 있다.

새벽 새소리에 잠이 깨어 다시 도시를 걷는다. 맑은 공기가 천년도시에 가득하다. 아침식사는 중정 건너편 식당에서 한다. 식당은 다락이 있고 2층이 트인, 햇살이 넘치는 방이다. 간단히 식사를 끝내고 다시 옛 도시의 마을을 둘러본다. 관광객이 없는 이 도시 사람만의 거리를 걷는다. 1000년을 한곳에서 살아온 사람들 사이에서 나는 공간적으로만 이방인이 아니라 시간적으로도 이방인이다.

남북으로 긴 관통로가 광장을 지나고 남북의 길은 성 밖에서 지그재그의 경사를 이루며 멀리 다른 마을로 연결된다. 시청과 교회의 두 광장은 장이 서는 공간이기도 하다. 대부분의 공공공간이 이 주위에 모여 있다. 마침 장날이다. 씨에나에서 온 트럭도 있고 인근 마을에서 온 짐차도 있다. 어제까지 천년의 건축만 있던 광장이 현대의 시장이 되었다. 옛 도시에 오늘의 물건이 가득 펼쳐진다.

교회 앞 광장을 지나 박물관 마당으로 들어선다. 박물관의 그림과 조각이 참으로 부럽다. 인류의 문화유산들이 이 작은 도시에 가득하다. 하나를 갖고 평생을 연구할 만한 작품들이 안전장치 하나 없이 사방에 놓여 있다. 박물관 안뿐 아니라 공공건물, 교회 어디에나 다 보물이 가득하다. 이런 공간들이 특유의 모습으로 도시 곳곳에 자리잡고 있다. 도시가 온통 박물관이다. 박물관 안을 다니듯 도시의 길을 다닌다.

길 폭보다 양쪽 벽이 높아 계곡을 걷는 듯하다. 길과 마당으로 열린 평면 형상의 동양 도시와 달리 길과 광장을 건축공간이 둘러싸고 있다. 접근로에서부터 도시 도처가 각자의 모습으로 나타나고 도시공간과 건축공간의 만남이 도시의 모든 장소를 특유의 모습이 되게 한다. 싼 지미냐노의 도처에 보이는 아름다운 정경은 건축의 것도, 도시의 것도 아닌 건축 속의 도시, 도시로서의 건축의 모습이다. 서로 다른 두 실체가 하나의 상황으로 나타난다. 도시문명의 건강함과 건축적 유산의 다양함이 하나의 실재로 합쳐 성취된 훌륭한 건축도시다. 도면으로 이 마을을 연구해보는 일이 필요하다. 도서관에 가서 싼 지미냐노에 대한 자료를 찾아본다. 모두 이딸리아 말이고 영어를 하는 사람도 없다. 그러나 그림과 지도가 있다.

  1000년 전에 만들어진 도시가 큰 변화 없이 그 오랜 세월을 지속할 수 있었다는 것이 현실 같지 않다. 성 바깥으로 나가면 또다른 정경이 나타난다. 유기체의 내부구조와 외부구조가 다르듯 성 외곽은 내부와 많이 다르다. 그러고 보니 성 안에는 아무런 생산시설이 없고 주요한 생산기지는 성 바깥이다. 이 넓은 벌판과 산상의 도시가 합쳐져 싼 지미냐노인 것이다.

  엘리베이터의 발명과 도시로의 인구집중이 초고층 건축을 만들었으나, 고밀도 공간형식으로 수직공간을 생각하게 된 것은 탑상 도시 싼 지미냐노의 문명적 암시에서 비롯한 것이다. 싼 지미냐노는 4~5층 높이의 고밀도 공간형식으로 우리의 고층아파트 단지만한 고밀도 속에 문명적 건축집합이 들어서 있다. 현대의 고밀도 고층아파트에는 문명이 없으나 여기에는 문화와 삶이 도시 곳곳에 배어 있다. 더구나 고밀도 저층부와 도시 위로 솟은 탑을 실제 주거공간 형식으로 만든

하나의 정경을 이루고 있는 성벽과 집과 탑.

다면 새로운 주거단지의 건축형식으로 훌륭히 전환할 수 있을 것이다. 고밀도 공간형식의 부정적 측면만 강조해서는 안된다. 불가피한 일이면 그 속에서 돌파구를 찾아야 한다. 천년을 그대로 지속한 도시에는 천년의 지혜가 쌓여 있게 마련이다. 성곽 주위를 돌아 다시 시청 광장으로 나온다. 광장 도처에 시민들이 나와 있다. 1000년 넘게 여기 살던 사람들 사이에 함께 앉는다. 천년의 도시에서는 천년을 살게 되는 것이다.

우리의 근대사는 단절의 역사다. 우리는 50년 전 서울 사진을 보고도 놀란다. 그러나 이딸리아에 오면 100년은 긴 시간이 아니다. 광장에 나와 앉은 그들에게는 1000년의 시간과 공간이 함께 있다. 하루에 다 걸을 수 있는 크기의 도시지만 그들은 1000년을 걷는다.

지금은 대부분의 탑이 부서져 일부만 남았고, 본래의 모습을 그린 옛 그림은 아직 보지 못하였다. 동판화가 유행하던 때는 이미 대부분의 탑이 부서지고 용도가 사라진 시기였다. 도시의 역사는 지도와 그림으로 남는다. 싼 지미냐노는 중세도시의 모습이 가장 많이 남은 도시지만 탑의 도시에 이제 탑은 유적으로만 남았다.

중세도시를 더 연구해보자. 싼 지미냐노에서 한달만이라도 살아보면 어떨까. 감옥 같은 느낌일 것이다. 이미 우리는 흔들리는 짐짝 같은 도시에 길들여 있기 때문이다. 강변 아파트에 15년을 살다 보니 설악산 산중에서는 조용하여 자지 못하였다. 정상인 환경에서 살지 못하면 이미 병상에서 살고 있는 것인데 우리는 아직 그것을 모른다. 싼 지미냐노에는 지난 시간이 지금의 도시와 함께 머물러 있다.

싼도리니

그리스 미술의 원류인 끼끌라데스 문명의 개화지 싼도리니. 화산 폭발로 하나의 섬이 여러 개의 섬으로 나뉘었으며 지금도 5000년 전의 도시 유적이 발굴되고 있다. 아름다운 자연과 역사가 깃들인 에게 해 최고의 관광지이기도 한 티라는 바다 위에 솟은 단애에 하얀 집과 물색 지붕이 그림처럼 아름다운 마을이다. 티라 북쪽에 작지만 더욱 아름다운 옛 마을 이아가 있고 남쪽에는 끄리띠 문명의 유적지인 아끄로띠리가 있다.

싼도리니 들여다보기

싼도리니(Santorini)는 에에게(Aege) 해에 위치한 화산섬으로 티라(Thira)라고도 한다. 면적은 75km²이고 끼끌라데스(Kikladhes) 제도 최남단에 있다. 티라 섬은 초승달 모양으로 해안선이 약 300m 높이의 깎아지른 절벽으로 되어 있으며 서쪽에 티라시아(Thirasia) 섬이 있어 전체적으로 타원형을 이룬다. 서쪽 바다로 트인 부분의 중앙에는 작은 섬 아스쁘로니시(Aspronisi)가 있으며 만의 중앙에는 두 개의 작은 화산섬 네오 까메니(Neo-Kameni)와 빨라이오 까메니(Palaio-Kameni)가 있는데 이 섬들은 아직 활화산이다. 지질학자들은 원래 하나의 섬이었다가 계속적인 화산 폭발로 현재에 이르게 되었다고 추정한다.

그리스 문명 이전에 에에게 해 지역에는 끄리띠 섬과 끼끌라데스 제도를 중심으로 항해와 무역에 능했던 도리아인이 끄리띠 문명을 발전시켰다.

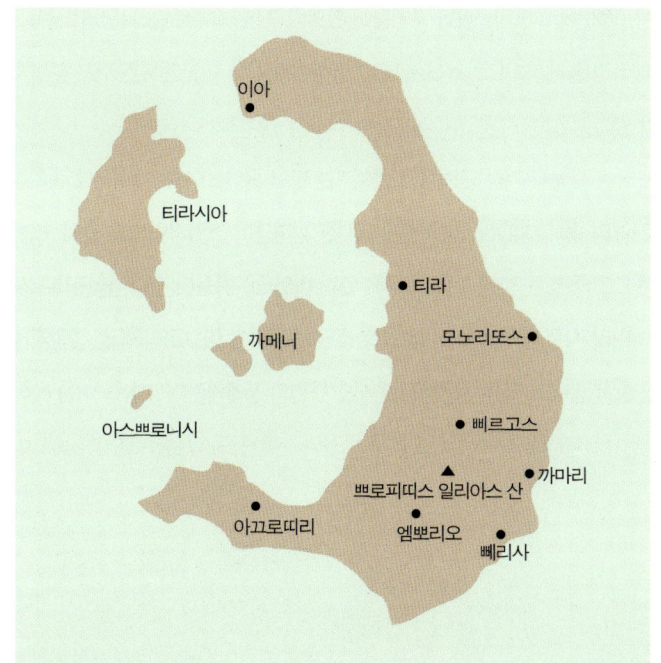

싼도리니 섬 지도. 전체적으로 타원형인 싼도리니 섬은 해안선이 깎아지른 절벽으로 되어 있다.

이곳은 끄리띠(Kriti) 문명보다도 더 이전에 존재했던 끼끌라데스 문명이 꽃폈던 곳으로 옛날부터 현대까지의 문명이 공존하고 있다. 끼끌라데스 문명은 그리스 미술의 원류라 할 만큼 중요한 위치를 차지한다. 이후 기원전 1500년경 끄리띠 섬이 큰 재앙으로 묻히면서 그 거주민들이 이주해와서 정착했다. 8세기경에는 티라스를 우두머리로 하는 스빠르따인들이 이주해왔으며 지금의 섬 이름은 거기에서 비롯되었다. 이곳은 1537년부터 터키의 점령하에 있다가 1821년 독립했다.

고대 수도는 섬의 동쪽 해안에 위치했는데 쁘로피띠스 일리아스(Profitis Ilias) 산과 해안 사이의 지역이다. 1895~1903년에 아고라, 디오니소스 신전 등의 옛 유적이 발굴되었다. 중심가로 부근에는 작은 극장이 있으며 극장 좌석 아래쪽에는 흘러드는 빗물을 받는 수조(水槽)가 있다. 이러한 수조가 만들어진 것은 과거에 물이 대단히 귀했기 때문이다. 이곳에서 남동쪽으로 약간 떨어진, 신전과 바위가 절벽을 이루고 있는 곳에 에페비(Ephebi) 경기장이 있으며, 쁘로피띠스 일리아스의 서쪽 산자락에는 테아 바씰레이아(Thea Basileia) 신전이 있는데 이곳은 지붕까지 완벽하게 보존되어 있다.

싼도리니 섬에서 가장 근대적인 번화가는 만이 굽어보이는 벼랑 끝에 위치하고 있으며 단애의 꼭대기(270m)에 하얀 집과 물색 지붕이 그림처럼 아름답게 보인다. 또 다른 주요 마을로는 만의 북쪽 입구에 있는 이아(Ia) 마을이 있다. 싼도리니 섬은 티라뿐 아니라 작은 마을 이아와 끄리띠 문명의 유적지 아끄로띠리 및 관광지 뻬리사 해안이 함께 숨쉬고 있는, 유적지이면서도 주민의 생활공간이 조화를 이룬 곳이다.

오천년 문명을 포용하는 그리스의
작은 섬, 싼도리니

목이 탄다. 타는 듯한 목마름이다. 과음을 한 다음날은 이렇게 시작한다. 물을 서너 잔 마시고 창을 활짝 열었다. 바닷바람이 방안 가득 밀려온다. 인구 7000인 천년의 마을에서 25시를 살아보기로 한다. 매일 저녁 여섯시에 비행기가 도착해서 일곱시에 떠나니 스물다섯 시간이 기본 체류기간이 되는 셈이다. 티라의 해안절벽 마을을 보고 차를

싼도리니에서 가장 근대적이고 번화한 마을 티라.

불러 기원전 10세기부터 로마시대까지 지속된 올드 티라에 가보고, 기원전 15세기의 화산 대폭발 때 매몰된 아끄로띠리의 발굴현장을 들러 점심을 먹은 다음 섬의 북단 이아 마을로 가려고 한다.

비가 오기 시작한다. 옛 항구로 내려가기 전에 그리스정교의 성당과 모스크와 도미니끄 수도원이 있는 절벽의 마을을 잠시 돌아본다. 주민들은 대부분 섬 안쪽의 마을로 가고 집들은 거의 다 호텔, 빌라 등으로 빌려주어 비어 있는 마을인데도, 사람 사는 마을의 훤소(喧騷)가 들리는 듯하다. 급경사지에는 대여섯 집이, 완만한 경사지에는 열두어 집이 단을 겹쳐 모여 있다. 모든 집에 마당이 있어 모두 각각의 토지를 가진 듯하나 실은 다른 집 지붕이 자기 집 마당이고 자기 집 지붕이 다른 집 마당이 되는 셈이다. 복잡한 듯하지만 실은 단순한 구조이고 집들도 모두 형형색색으로 보이지만 집이 성립하는 구성원리가 같고 여덟 가지 디자인 모티프의 반복이므로, 마치 주역 괘의 여덟 모임처럼 예순넷 집합 속에 삼라만상을 표현한다.

집들은 절벽과 바다 그리고 푸른 하늘과 함께 아름다운 인간 집합의 한 형상을 실현하고 있다. 무엇보다 감동적인 것은 색깔이다. 흰색이 주조가 되어 바다와 하늘의 색깔이 아름다운 조화를 이루고 있으며, 대문과 창문 그리고 가구와 정원이 마지막 색채를 더한다. 여기에 아침햇살과 한낮의 태양 그리고 저녁노을이 이 마을을 더없이 아름다운 인간의 자취로 만든다.

케이블카를 타고 옛 항구로 내려간다. 해안에는 아무도 없다. 빈 배가 몇 떠 있을 뿐이다. 절벽을 뚫고 집들이 바위 속에 자리잡고 있다. 동굴과 집의 형상이 겹쳐 있다. 계단식 램프로 570단을 걸어올라야 할 거리를 케이블카로 단숨에 왔다. 빈 항구에 비가 내린다.

집과 집이 겹쳐지면서 이루어진 바다로 향한 테라스. 바다 쪽에 옛 항구가 보인다.

택시를 가진 할아버지와 시간당 2500드라코마로 계약하고 종일 다니기로 한다. 다른 교통편이 없는 바다 한가운데 섬에서의 스물다섯 시간은 이렇듯 바쁘면서 한가롭다. 지그재그의 긴 램프를 따라 다른 산 정상의 올드 티라로 올라간다. 이들은 산 정상에 마을을 만든다. 모든 것이 바닷가에서 이루어질 터인데 굳이 산꼭대기에 올라와 산 까닭이 무엇일까. 아마도 지배계층은 산정에 살고 일반 시민들은 바닷가 평지에 살았던 것 같다. 산중턱까지 화산의 흔적이 남아 있고 바닷가도 검은 모래밭인데 올드 티라가 있는 산과 맞은편 산은 모두 대리석 산이다. 바다 바닥이 융기하여 생겨났기 때문이다. 바로 그 돌로 이 산상의 도시를 건설한 것이다.

쌘도리니 271

신전이 있고 궁정이 있고 극장과 아고라가 있다. 외계의 침입을 방지하자는 뜻도 있었겠으나 먼 바다의 움직임을 보려고 했기 때문인 듯도 하다. 1000년 이상을 지속하였던 대리석 도시가 어느 사이에 다 파괴되었다. 배를 타고 와서 도시 자체를 약탈해간 것이 아니면 이 거대한 신전과 궁전 들은 다 어디로 갔는가. 기둥이 일부 남아 있기는 하나 대부분이 사라져버렸다. 기자의 피라미드 덧돌을 모두 뜯어간 인간 탐욕의 끝없음이 이 도시를 산 정상에서 앗아간 것이다. 600년 전에 지은 작은 성소가 빈 궁궐터에 외롭게 서 있다.

물이 없는 산이어서 당시 사람들은 지붕에서 비를 받아 돌로 된 저수장에 저장했다. 마침 500~600석 규모의 반원극장 무대로 음향을 시험해보러 갔다가 수십 길의 물 저장고인 우물에 빠질 뻔하였다. 그냥 지나면 좋은 경험이지만 일이 생기면 비극적 사건이 되는 것이다. 어둠 속 한 걸음의 차이로 여러 사람의 운명이 흔들릴 뻔하였다. 수많은 사연에 얽힌 인연을 생각하면 한 발 헛디딤이 역사에도 영향을 줄 수 있는 일이다. 나비의 날갯짓이 대양 건너 태풍의 원인일 수도 있다는 장자의 은유를 상기하였다.

멀리 도처에 섬이 보인다. 아름다운 바다다. 바닷바람을 온몸으로 받으며 산을 내려온다. 다시 차를 타고 이번에는 4000년 전의 마을로 간다. 원형의 섬이 3500년 전 대폭발로 지금처럼 활 모양의 큰 섬과 원형의 여러 섬으로 변했다. 엄청난 지각변동으로 인해 함몰된 옛 유적도시가 발굴되고 있다. 쁠라똔이 아뜰란띠스라고 한 바다 한가운데 묻힌 도시는 물론 아직 아무도 모르지만, 섬 남단에 있는 이 유적지는 어느정도 발굴이 되어 현장이 공개되고 있고 주요한 유적들은 박물관으로 옮겨졌다. 4000년 전 사람이 대규모로 살던 곳을 본다는 설렘을 갖고 티라의 옛 유적으로 간다. 발굴현장은 경량 철골로 덮여 있다. 흙으로 된 도시다. 역사 이전의 도시나 마을에는 건축과 도시의 이원 개념이 없다. 건축은 도시의 부분이고 도시는 건축의 집합이다. 발굴된 현장을 보니 목조 부분은 사라졌으나 흙으로 만든 틀이 많이 남아 있고 거대한 토기들도 다수 보존되어 있다. 특이한 비례를 가진 완벽한 기형의 토기들이다. 옛 건축구조 형식도 도처에 보인다. 그리스 문명은 우연이 아니었다. 아테네 2000년의 문명이 아테네에서 다시 개화한 것이다.

이제 훌륭한 레스또랑에 가서 바다요리를 즐기고 싶다. 누가 뭐라 해도 섬에 바다요리만한 것이 있겠는가. 한자 반 크기의 도미를 주문한다. 커다란 화덕 속의 적쇠에 굽는다. 기다리는 동안 바다요리의 전채가 마련된다. 올리브 기름으로 무친 문어, 잡어튀김, 익힌 채소, 향료가 가미된 무우무침을 빵과 함께 싼도리니의 와인을 곁들여 먹으며 생선이 완벽하게 그을리기를 기다린다. 드디어 구워진 도미가 모습을 나타낸다. 두께가 1인치 반이나 되는 몸통이 구석구석 잘 구워졌다. 생선을 잘 굽는 일만큼 힘든 일도 없다던데 와인을 마시며 바다요리 전채를 먹는 동안 그야말로 작품이 하나 완성되었다. 제대로 된 생선구이다. 맛있다기보다는 멋있다는 말이 더 적절할 듯하다. 오랜만에 먹어보는 호사스러운 식사이다. 어디에 가서 한참 쉬고 싶은 그런 오후의 나른한 만복감을 만끽한다.

400~500 가구가 사는 마을 이아로 간다. 여기는 티라의 마을과 많이 다르다. 우선 여기는 그들이 4000년 전부터 살아온 마을이다. 티라의 마을보다 산상에서 바다로 이어지는 스케일이 더 유연하고 자연스럽고 편안하다. 마을의 길이 산상의 길로부터 나뭇잎이 갈라져 가듯

섬의 북쪽 끝에 자리잡은 자그마한 마을 이는 산정에서 바다로 이르는 선이 유연하여 차분하고 편안한 분위기를 연출한다. 희고 푸른 지붕들과 오래된 나무들이 만드는 마을의 풍경은 특히 석양 무렵에 아름답다.

이웃의 길과 집의 마당들로 뻗어간다. 두 길 사이에 아래 위로 인접해 있는 티라의 마을보다 더 자연스럽고 각각의 마당과 집이 자기의 영역을 좀더 많이 갖는다. 마당 주위로 여러 개의 방이 모여 더 마당답다. 지붕과 벽과 굴뚝과 담과 계단과 테라스와 창과 대문의 여덟 요소의 갖가지 변조를 꾸밈없는 솜씨로 발휘한다. 욕심 없는 진실한 작위는 이렇듯 사람을 즐겁게 한다. 지금 새로 짓고 있는 집과 수백년 된 집 모두가 서로 좋은 만남을 이루고 있다. 기본 결구의 원리와 솜씨가 이 아름다운 마을을 이루고 유지하고 자라게 하는 모양이다. 오래된 나무가 더욱 깊은 나무다움을 드러내듯이 이 오래된 마을도 갈수록 더욱 깊이있는 마을다움을 보여준다. 여기서 하늘은 더 맑고 바다는 더 푸르다.

햇빛에 반사되는 수천, 수만의 물결과 먼 바다의 섬과 암벽이 어울려 이 마을의 마당으로 담겨온다. 집집마다 나무 흙손으로 아무렇게나 빚은 시멘트벽에 페인트를 칠하고 계단에 약간의 덧칠을 했을 뿐이며 창은 단순한 나무틀 주위에 테만 덧둘러서 새멋을 더했다. 물 홈통을 겸한 낮은 담장이 문득 화단을 이루고 담이 되다가 다시 집 벽이 되고 지붕이 된다. 모든 건축요소들은 다 집이고 마을이었다가 각기 스스로의 자리로 돌아간다.

언뜻 무질서해 보이고 수십, 수백 가지의 서로 다른 것이 엉켜 있는 듯하나 자세히 보면 마치 주역의 64괘나 DNA의 64조합 같은 동일범주 속의 영원하고 다양한 질서다. 기하학적 질서가 갖는 관념적 반복의 질서가 아니라 유기체가 갖는 생명의 원리에 가까운 질서다. 한국적 미의식의 논리와 통하는 그런 아름다움의 경지다. 삼국시대 토기의 기형, 고려자기의 색, 분청사기의 그림, 이조의 목기가 보이는 자연스러운 작의를 상기시킨다. 이곳은 또한 아키반 선언을 발표할 때 생각했던 그런 마을의 하나다. 건축의 외부공간은 도시의 내부공간이고 건축형식은 도시의 내용이다. 개인과 이웃과 마을이 땅에 뿌리를 박은 식물적 유기체를 이루고 있다.

꽃이 피는 날 다시 이리로 오겠다. 여기 이 마을에서 쓰고 그리고 사랑하며 살고 싶다. 여기서 사는 일의 아름다움을 몸으로 느껴보고 싶다. 이아의 마을을 뒤로 하고 이제 돌아설 때다. 일부러 오기 전에는 들르기가 어려운 곳이다. 하루 한번 아테네에서만 오갈 수 있기 때문에 아테네에서 하루, 여기서 하루, 최소 이틀이 있어야 하므로 다른 목적으로 다니는 길에 오기는 어렵다. 여행중의 이틀은 평상시의 사흘이 되는 법이다. 비가 오다 말다 한다.

티라 마을의 산 정상에 있는 공공건물인 성당, 수도원, 은행 등을 찾아본다. 수도원을 둘러보다가 에스빠냐 출신의 노수사를 만났다. 수녀들만 있는 도미니끄 수도원에 계신 분인데 이 수도원은 일반인이 들어갈 수 있는 곳과 수녀들의 거처가 철창을 사이로 이중 삼중으로 차단되어 있다. 외부와의 연락은 이 노수사만이 한다. 성당 내부도 커튼으로 가려져 있고 면회조차 철창 사이로 하게 되어 있다. 감옥과 다를 바 없다. 그런데 자진하여 종신토록 이곳에 사는 것이다. 수사 할아버지의 친절한 안내로 세상과 격리되어 수도하는 그들을 아주 가까운 곳까지 가서 볼 수 있었다. 세상에 태어나 무슨 깨달음이 있어 세상을 등지고 사는 것일까. 세속적 삶을 단절하는 데서 시작하는 더 맑고 높은 삶의 경지를 알 듯도 하나 역시 세상의 여러 욕심에 매인 우리의 삶으로서는 상상 밖의 일이다. 수사 할아버지도 사람이 그리웠던 듯하다. 저녁 비행기로 간다니 섭섭해한다.

다시 티라의 절벽마을로 나선다. 어제 볼 때보다 지금 마을의 틀이 조금씩 더 뚜렷이 나타나는 듯하다. 근년에 덧짓고 고친 데가 원래의 건물보다 많고 관광지로의 개발에 치중하여 아름다운 장소들에 범람하는 상업적 자취가 여기저기 눈에 거슬린다.

지금이라도 이곳을 역사문화 구역으로 지정하고 자의적인 개발을 제한할 필요가 있을 것이다. 모두가 자기의 것을 만들게 하면서 보이지 않는 손에 의한 전체의 조화를 기대하는 것은 있을 수 없는 일이다. 깊고 넓은 감각과 질서의식에 의한 통제가 필요하다. 디자인 원리와 기본 모티프를 제한하는 데서 나아가 완성된 전체와 부분을 조정하는 과정이 필요하다. 한 마을의 아름다움은 만드는 사람, 보는 사람, 사는 사람 모두의 공동체적 협력에 의해서 성취되지만 그중에서

티라는 흰색을 주조로 한 집과 건물이 모여 바위절벽과 바다 그리고 푸른 하늘과 함께 아름다운 인간집단의 형상을 이루고 있다.

도 건축가의 역할이 중요하다. 건축가는 인간의 삶을 이해해 집단의 생활을 연출하고 이왕의 환경과 미래 변환에의 적응을 포함한 모든 것에 관여함으로써 물상세계 속에 삶을 창조하는 것이다. 티라의 옛 마을과 오늘의 마을은 그런 성공과 실패의 좋은 예를 보여준다.

비가 세차게 온다. 어제 아테네에서 봤던 일본 여자들이 공항에 보인다. 젊은 여자 둘이서 이 먼 섬까지 왔다. 그들의 문화적 탐욕은 감탄스럽다. 그들은 만드는 일보다 발견하는 일, 보는 일에 더 재능이 있는 듯하다. 재능이 있는 자는 더 열심히 일하고 재능을 아는 자는 열심히 안목을 키운다. 문화의 꽃은 이런 데서 시작하는 것이다.

프로펠러 비행기라 많이 흔들린다. 속이 메슥거린다. 다음에 올 때는 맑은 날을 골라 먼저 끄리띠 섬으로 가서 배를 타고 오고 싶다. 오늘 같은 날은 뜨거운 물에 목욕을 하고 깊은 잠을 자면서 다시 이아의 마을로 돌아가는 꿈을 꾸고 싶다. 밖에는 계속 비가 내리고 있다.

유니뜨 다비따씨옹

유니뜨 다비따씨옹은 현대 건축의 거장 르 꼬르뷔지에가 45년 전에 만든 예언적 고층 집합주거이다. 단일건물 속에 337세대의 주거와 시장, 호텔, 유치원, 옥상정원 등의 공동공간을 담았다. 1800여 명의 거주자들이 자연과 조화를 이룬 하나의 건물 속에서 생활하는 입체의 마을이다.

유니뜨 다비따씨옹 들여다보기

유니뜨 다비따씨옹(Unites d'habitation, 프랑스 마르쎄유에 있는 집합주거 단지)을 설계한 스위스 출신의 건축가 르 꼬르뷔지에(Le Corbusier, 1887~1965)는 프랑스를 중심으로 건축활동을 시작하여 전세계에 수많은 작품들을 남겼다. 현대건축의 최고 거장으로 평가받는 그는 초기의 주택에서 후기의 도시 설계에 이르기까지 자신의 독특한 건축적 형상언어를 건축물에 구체화했다.

그의 중·후반기 대표 작품인 유니뜨 다비따씨옹은 165m의 블록에 높이 56m의 단일 건물로 337개의 주거단위를 갖고 있다. 각각의 주거단위는 복층형태이며, 총 1800여 명을 수용하는 대규모 고층 집합주거이다. 특히 이 건물은 다음과 같은 그의 다섯 가지 건축원리들을 잘 반영하고 있다. 첫째 개방된 지층 공간(삘로띠[1]), 둘째 옥상정원, 셋째 자유로운 평면, 넷째 가로의 긴 창, 다섯째 자유로운 건물 정면.

이를 통해 벽이 건물의 무게를 지탱하는 기존의 조적조 구조물에서 탈피하여, 철근 콘크리트 기둥을 이용해 건물의 고층화와 구조적인 독립을 가능하게 했다. 실내공간

1 pilotis / 지주나 기둥이라는 뜻으로, 1층에 기둥만 두어 지층을 개방하는 형태.

론 강의 하류에 지중해에 면하여 있는 마르쎄유는 그리스 시대부터 중요한 항구로, 오늘날에도 프로방스 지방의 주 관문이다.

르 꼬르뷔지에의 집합주거 개념도. 삘로띠로 받쳐진 인공토지와 내부가로와 옥상정원을 그린 르 꼬르뷔지에 특유의 스케치.

은 필요에 따라 칸막이 벽이 이용되어 자유로운 건물 평면을 얻게 되었다. 특히 대지와 접한 1층을 개방하여 공공공간과 정원의 연장으로 적극 이용하도록 했으며, 기존의 지붕에 옥상을 두어 건물 내의 옥외정원으로 활용하였다. 구조적인 특징은 현재의 커튼월[2] 구조의 건물에서 보이듯, 건물의 전면에 긴 창을 두어 기존 건물에 비해 약 4배의 실내 채광을 확보할 수 있으며, 건물의 구조에 의해 결정되던 건물 형태에 자유로운 표현이 가능하게 되었다.

이 건물의 또다른 특징은 각각의 주거단위가 철근 콘크리트 골격 사이에 서랍처럼 끼도록 짜여 있는 입체구조 방식이다. 또한 건물 중앙부(지상 25m)의 공동 써비스 공간은 거주자들간의 공동체 활동을 유도하고 있다. 건물 내의 내부가로는 처음 소개되

2 curtain wall / 구조적인 역할은 하지 않고 비바람을 막기 위한 외벽.

단독주택이 가진 자연성 및 사생활 보호 기능과 공동주택의 편리함을 공동체성과 결합한 고층고밀도 집합주거의 모형 스터디. 개개의 주거단위가 구조체에 결합하는 방식을 보여준다.

었을 때 상당한 비판과 논란을 야기하였으나, 건물의 고층화에 의한 밀도 있는 공간 이용과 자유로운 수직·수평 동선의 흐름과 이동은 그의 건축세계에서 하나의 중심개념으로, 후기 그의 선형공업도시(linear industrial city) 설계원리로 발전되었다.

자연과 조화하는 고밀도 주거형식,
유니뜨 다비따씨옹

　오늘 아침 오래 전부터 보고 싶었던 르 꼬르뷔지에의 유니뜨 다비따씨옹을 보았다. 1947년에 설계가 끝나고 1952년에 완성된 집합주거이다. 반세기 전에 20세기 최고의 건축가 르 꼬르뷔지에가 시카고, 뉴욕의 초고층 건물과 유럽의 마을 공동체라는 두 가지 상반된 주거개념을 하나로 통합한 이 고층 고밀도 집합주거를 발표했을 때 전세계에 큰 파문이 일었다.

　르 꼬르뷔지에는 도시로의 인구집중과 전세계로 확대될 도시화를 예견하고, 단독주택이 가진 자연과 프라이버시를 공동주택이 가진 편리 및 공동체공간과 조화시킨 새로운 건축도시를 구상하였다. 그는 고밀도 집합주거를 자연과 조화시키기 위해 건축이 땅과 닿는 부분을 자유공간으로 해방하고 건축으로 점거된 자연을 옥상정원으로 복원하며 건축 내부에 거주인들을 위한 시장, 호텔 등의 공동체공간을 마련했다. 각 주거단위 고유의 공간을 보호하기 위해서는 마을의 길과 같은 내부가로 상하에 2개 층이 트인 공간블럭을 결합하였다. 3개 층이 한 단위가 되는 다섯 공간블럭을 '지층의 트인 공간'과 건물 중간에 마련된 '수평의 거리 공간' 그리고 '옥상에 복원된 하늘의 정원'과 결합하여 건축과 마을이 하나가 된 20세기의 새로운 주거형식을 창출한 것이다. 당시의 여론과 관련법규를 벗어난 안이었으나 건설장관의 전폭적인 백지위임에 의해 완공에 이르게 되었다.

삘로띠 위 인공토지에 장려한 입체가 푸른 들판을 배경으로 우아하게 서 있다. 노출 콘크리트의 괴체가 강렬한 조형적 공간을 벌판에 드세운다. 강을 지나는 교각 같은 거대한 기둥 위에 337세대 1800명이 사는 입체의 마을이 섰다. 아래로는 자연이 그대로 스쳐지나고 자연과 건축의 흐름 사이에는 1800명이 지나다니는 입구공간이 자리잡고 있다.

지층은 강인한 다리로 굳건히 서 있는 인체의 이미지를 한층 구체화하면서 건축에 의한 자연의 훼손을 최소화하고 있으며 7~8층 공동의 공간에 시장 기능을, 토지를 복원한 옥상정원에 어린이 시설을 두었다. 가족생활의 엄격한 프라이버시와 도시생활의 다양성을 공존시킨 것이다. 그러나 두 기능간의 자연스러운 친화보다는 논리적 분류

교각과 같은 거대한 기둥 위에 인공토지를 만들고 그 위에 고층주거를 세워 원래의 자연을 그대로 남겼다.

의 인상이 강한 것도 사실이다. 하나의 입구를 가진 한 건축도시의 공동체적 삶의 공간형식을 만든 작가의 논리가 건축의 모든 장소에서 경직되게 실현되어 있다. 수십, 수백 가구가 하나의 입구를 가진 단일한 공동시설로 집합된 중국 복건성(福建省)의 객가(客家)주택[3]이 고층 건축 형식으로 표현된 것 같은 느낌을 받는다. 그런 개념

[3] 명·청 시기의 주택으로 복건성의 서남지역과 광동·광서성의 북부에 분포한다. 평면이 방형, 구형 또는 원형이고 외부를 둘러싸는 집의 높이는 일반적으로 4층이며 외부에는 방어를 위해 창이 없는 경우가 많다. 1층은 주방이나 다용도공간, 2층에는 식량을 저장하고 3층 이상에 사람이 거주하며 중앙에는 회의나 관혼상제를 위한 홀이 있다.

위 / 주거단위의 내부. 2층이 트인 거실이 보인다.
아래 / 마르쎄유 항구의 밤거리를 생각나게 하는 환상적인 빛의 거리인 내부가로.

설정도 중요하지만 건축은 개념이 건축적 이미지로 실현되어야 뜻이 있는 것이다. 르 꼬르뷔지에의 개념은 바로 건축적 이미지로 바뀌어 그의 메시지를 전한다. 한편 내부가로의 환상적인 아름다움은 대단하나 공동의 거리는 부자연스럽다.

입구홀에서 엘리베이터를 타고 건물 내부의 통로에 들어서면 입체 속의 가로가 환상의 거리를 연출한다. 빛이 들어오지 않는 내부통로의 조명이 아무도 생각지 못하였던 희한한 건축 속의 가로를 만들고 있다. 참으로 환상적인 거리다. 건물 중간의 2개 층이 트인 건축 속의 도시공간이 엘리베이터와 계단으로 주거단위와 연결되고 외부 비상계단을 통해 바깥과 연결된다. 주거단위의 통로가 개인영역의 가로라면 이곳은 공동영역의 가로이다. 그러나 빛이 차단된 주거단위의 내부가로가 환상의 길인 데 비해 빛이 가득한 이 거리는 긴장이 풀어져 있다. 이 공동의 거리는 수직가로와 엘리베이터로만 연결되어 있고 외부계단과의 연결도 실제의 공간연출로 이어지지 않아 마을의 거리 답지는 않다.

한 주거단위를 방문한다. 각 주거단위는 주부와 식사를 중심으로 한 사적 가정생활을 위한 '가족생활의 신전'이다. 23개의 다른 유형이 있는 각각의 주거단위는 부엌이 중심이 되어 있으며 이곳에서 주부는 가정의 여러 일들을 주관한다. 자녀들의 침실은 부부 침실과 멀리 떨어져 있어 심리적 안정감과 음향적인 프라이버시가 만들어진다. 각 주거단위는 두 방향으로의 조망이 가능하고 거실은 2개 층이 터 있어 지중해의 강렬한 햇빛이 실내 깊숙이 들어온다.

무엇보다 옥상정원을 보고 싶다. 어렵사리 청소아줌마의 열쇠를 얻어 입주자들만 들어갈 수 있는 옥상으로 올라간다. 드디어 르 꼬르뷔지에의 옥상정원에 들어섰다. 건축으로 점거된 토지가 하늘에 부활해 있다. 멀리 바라보이는 산과 바다를 배경으로 해서 어린이를 위한 공간이 새로운 토지에 아름다운 조각적 형상의 세계를 만들고 있다. 아무도 없는 빈 옥상정원에 수많은 어린이의 소리가 들리는 듯하다. 콘크리트만으로 이 거대한 입체를 역사적 기념비로 만든 조형언어의 현란함에 압도되었다. 20세기 집합건축의 선언적 작품이면서도 산문적이기보다 시적인 아름다움으로 가득한 건물이다.

오랜만에 르 꼬르뷔지에를 다시 본다. 최근 '하늘의 마을'과 수직가로를 주제로 한 나의 집합주택과 그의 것은 얼마만큼의 거리를 두고 있는 것일까. 45년 된 건물이 아직 우리가 풀지 못하고 있는 예언적 제안을 보여주고 있다. 새로운 것은 여전히 새로운 것이다. 르 꼬르뷔지에의 위대함은 새로운 도시와 건축의 미래를 강력한 조형언어로 표

유니뜨 다비따씨옹의 현관 홀.

현한 데에 있다. 르 꼬르뷔지에의 거리는 현실과 환상이 하나가 된 건축 속의 길이며 정원이며 광장이다. 또한 르 꼬르뷔지에의 건축은 논리와 표현의 혼연일체를 아름다운 공간형식으로 보여준다. 앙리 4세가 중세의 도시 빠리 한가운데 세운 왕가의 광장(보쥬 광장) 이후, 집합주거의 미래를 제시한 우리 시대의 천년건축이 세워진 것이다. 도시에 대한 그의 언명들을 다시 연구할 때가 되었다.

그의 예언대로 지난 반세기 동안 도시화가 전세계로 급속히 확대되어 '인간의 집'은 서서히 고밀도 집합주거화하였다. 21세기에는 인류의 대부분이 도시에 살게 될 것이고 도시주거는 고밀도 집합주거 형식이 될 수밖에 없다. 우리의 도시도 이제 고밀도 집합주거의 물결로 뒤덮이고 시골마을까지 고층아파트가 들어서고 있다. 이러한 추세는 앞으로도 계속될 수밖에 없다. 그러나 지난 반세기 동안 고밀도 집합

하늘 위의 인공토지를 암시하는 구조물들이 3차원 공간을 이루는 옥상정원.

주거는 자연과 문명을 상실한 채 인간을 가두는 공간으로 전락했다. 유럽의 도시에서 고층 집합주거는 저소득층이나 외래인의 임시주거로 인식되고, 시카고와 뉴욕 등의 고층아파트는 중심구역을 제외하고는 대부분 슬럼화되고 있다.

르 꼬르뷔지에의 예언적 제안 이후 건축가들은 그의 생각을 부분적으로만 차용하고 무의미한 형태의 모방만 거듭했을 뿐 그가 예견한 미래의 상황과 도시화의 도전에 대한 건축적 응전을 하지 못했다. 마르쎄유의 르 꼬르뷔지에 집합주거는 불가피한 고밀도 집합주거가 가져야 할 자연과의 친화, 개인적 영역의 보호, 이웃과의 만남을 하나의 '도시적 건축' 속에 실현한 것이다.

로마의 도시로 시작한 역사도시 마르쎄유도 현재의 필요에 의해 스스로의 정체성을 잃어가고 있다. 르 꼬르뷔지에의 집합주거는 현재의 필요를 과거와 공존시키고 미래를 함께하게 하였다. 그는 '가치있는 것간의 조화'를 통해 '변화하는 것 속에 변하지 않는 것'을 실현한 것이다. 지난 시대의 천년건축 위에 우리 시대의 천년건축을 만드는 일이 천년을 알고 천년을 사는 길이다. 단순한 생활공간에 불과한 우리 시대의 집과 마을에 대해 다시 생각해보아야 할 때다. 고층 집합주거에서 자연과 이웃과 함께하며 독립된 사유의 공간을 갖는, 더 나은 삶의 질을 우리의 집과 마을에서부터 구현하는 지혜를 르 꼬르뷔지에의 집합주거에서 배울 수 있어야 한다.

나는 그로부터 건축을 알았고 한동안 그의 영향 아래서 일했다. 그러다가 나의 건축문법을 갖지 못하면서 그를 잊었다. 잊은 것이 아니라 잃은 것이다. 오늘의 나를 발견하기 위해서 본격적으로 그를 다시 공부해야 할 것 같다. 바로 이 집합주거 속에 호텔이 있다. 다음에는 집 속의 호텔에 묵어보아야겠다.

방파제 사이를 걷는다. 바다 밑이 보인다. 물고기가 떼를 지어 다닌다. 햇살이 바다 깊은 곳으로 스며든다. 밤에 방파제에 가득하던 갈매기는 이미 먼 바다로 나간 모양이다.

후기

세계를 여행하면서 국내에 있을 때보다 더 많이 우리의 도시와 건축을 생각하였다.
알렉산드리아 도서관 설계 일로 카이로에 머물며 서울의 구조개혁을 고민하였고,
예술의 전당 오페라하우스를 설계할 때는 그리스·로마의 옛 극장을 다니며
우리 역사의 축제공간을 떠올렸다. 예루살렘, 로마, 모스끄바를 다니면서 경주를 생각하고
반석 위의 돔, 빠르테논, 끄렘린을 보면서 석굴암, 무량수전, 경복궁을
더 넓은 시각에서 볼 수 있었다. 유럽의 중세도시를 다니다 돌아오면 경주를 찾는다.
경주를 생각하면 막힌 가슴이 트인다. 유럽 어디에도 이만한 도시의 캔버스는 없다.
게다가 그곳은 천년의 도시가 있던 곳이다.
그러나 정작 경주에 닿으면 허허롭다. 길가에 나앉은 첨성대, 주춧돌만 남은 황룡사,
불도저가 역사의 기초를 밀어버린 반월성, 철도가 자르고 나간 사천왕사 등
천년을 지속했던 도시가 지상에서 사라지고 있다.
자금성과 루브르 박물관 지하광장, 메트로폴리탄 미술관과 뮤지엄마일을 보면서 경복궁과
지하 전시공간 그리고 주변의 미술관거리를 연계한 중앙박물관을 마음속에 그려보았다.
끄렘린은 이반 대제 이후 레닌에 이르는 수백년 동안 끊임없이 덧지어져 오늘에 이른 것이다.
문화유산에 관한 만사의 논의를 소극적인 '보호'의 차원으로만 일관하는 논리는
이제 좀더 넓은 안목에서 검토되어야 한다.
제주도와 남해는 자연조건이나 규모로 보아 세계 최고의 관광단지가 될 수 있는 곳이다.
에에게 해와 지중해안의 세계적 명소를 남해와 제주도에 만드는 것도 우리의 몫이다.

이런 느낌과 생각 들을 심화해 이 책에 녹여내고 싶었으나 깊이 알게 되면 언젠가
자연스럽게 이루어질 터이니, 서둘기보다는 알리는 노력을 당분간 계속하기로 했다.
깨달음을 서두르면 작은 앎에 머물 수밖에 없기 때문이다.
삶의 공간과 죽음의 공간, 신의 공간과 인간의 공간이라는 화두로
'건축기행'을 써보겠다던, 25년 전 백낙청 선생과의 약속을 지키게는 되었으나
글쓰는 일보다 그리는 일이 익숙한 나에게는 힘에 부치는 일이었다.
선생의 기대가 없었으면 이렇게 책이 되기 어려웠을 것이다.
『세계건축기행』이 단순한 건축가의 해외여행 기록이 아니라 세계의 역사 속에서 우리의
과거와 미래를 찾으려는 작은 탐험의 기록이기를 의도하였으나 일상에 밀려
미미한 성과로 정리된 듯하다. 그러나 이제 시작이라고 생각한다. 『세계건축기행』을 통해
나의 건축, 나의 도시가 천년의 건축, 천년의 도시가 될 것을 감히 욕심내본다.

1997년 3월

김석철 작품연보

여의도 마스터플랜 1969

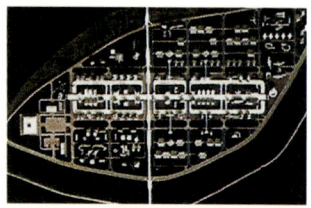

한국종합기술공사에서 윤승중·김원 팀이 개념설계한 것을 다시 정리하였다. 서울의 도시구조로 보아 여의도를 관통하는 교통량이 접근 교통량보다 많을 것이므로 지상을 자동차 전용 도로로 하고 한 층 높게 보행 전용의 인공토지를 만들어 국회 축과 시청 축이 섬을 동서로 가로지르게 한 계획이었다. 그러나 여의도를 반으로 분단하는 광장으로 인해 모처럼 제안한 신도시 형식은 완전히 부서지고 말았다.

대구 가든테라스 1980

당시만 해도 보수적인 도시여서 아파트가 저소득층의 주거형식으로만 인식되던 대구시 한가운데 단독주택 같은 마당을 갖는 9층의 계단식 정원아파트를 만들었다. 새로운 주거형식이라 하여 불경기 속에서도 사전에 모두 분양된, 땅이 있는 집합주택이다. 삶의 기본 공간인 주거지가 자연과 함께할 수 있는 것이어야 한다는 개념을 이후 올림픽파크텔, 하늘의 마을 등 고층 집합주거에서 계속 실험하고 있다.

예술의 전당 1982

우리나라 최초의 국제지명현상에서 당선된 복합 문화단지다. 당시로는 생각하기 힘든 프로젝트로서 5공화국의 문명적 야심작이었다. 오페라하우스, 음악홀, 미술관, 자료관은 물론 예술학교까지 포함한 세계적 문화단지를 단 2년 만에 설계하였다. 권위주의적 정권이었으므로 가능한 프로젝트였으나 정권이 바뀌면서 최초의 계획이 부분적으로 수정되고, 지하철과 연계된 지하 문화가로를 통한 대중접근 방안을 수차 제안하였으나 아직 실현되지 못하고 있다.

알렉산드리아 도서관 안 1989

예술의 전당 설계 후 1단계 공사가 끝나자 세계로 나아가서 세계적인 일을 하고 싶었다. 마침 유네스코 주최로 까이사르가 불태운 알렉산드리아의 도서관을 재건하는 국제현상이 있어 카이로와 알렉산드리아에 가서 안을 그렸다. 알렉산드리아가 그리스의 도시였으므로 아테네의 국립박물관과 도서관에서 많은 시간을 보냈다. 반도체 기억장치를 모티프로 한 당선작의 아이디어도 기발하였으나 알렉산드리아의 도서관으로는 우리 안이 더 낫다고 아직도 생각한다.

제주 영상단지 1991

하늘과 땅이 만나는 자리라는 제주 남원의 바닷가 3만 평 부지에 제주 세계영화제의 중심 공간이 될 영화박물관, 국제회의장, 영상호텔, 콘도미니엄, 해변의 빌라 등이 모인 해안의 영상단지를 계획하였다. 해변의 빌라는 세계적 건축가 로버트 벤투리가 담당하였다. 영화박물관은 이미 건축이 완성되고 전시공간 설계가 끝나 1997년 제주도에서 열리는 아태영화제를 기해 개관한다.

충무 마리나 리조트 1991

아름다운 남해 한려수도의 관광기지로서 충무항 남단에 유람선 터미널, 요트 정박장, 콘도미니엄, 해양박물관, 스포츠센터 등을 모아놓은 우리나라 최초의 마리나 리조트이다. 부지 매입비가 비싼 까닭에 고밀도화할 수밖에 없었던 것이 아쉽지만 충무의 도시 규모로 볼 때에는 불가피한 선택이기도 하였다. 아직은 반만 완성된 상태이지만 최근 이용객이 확대되고 있어 곧 전체의 모습이 드러날 것이다.

한샘 시화공장 1992

서해 간척지를 매립한 시화공단에 자리잡은 한샘의 부엌가구 자동화 공장이다. 호마그 사와 협력하여 세계 최고 효율의 가구 제작라인을 만들었다. 매립지이기 때문에 30m가 넘는 파일을 박아야 하므로 기초의 수를 줄이는 작업을 우선하였으며, 자동화라인을 가변시킬 수 있는 거대한 공간이 필요하여 36m 스팬에 9m 캔티레버인 폭 54m 길이 200m의 대공간을 철골구조로 옛 갯벌에 세웠다.

명보플라자 1993

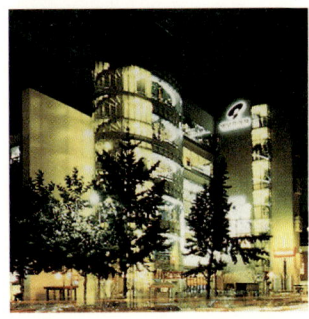

예술의 전당 이후 상업공간의 문화공간화를 시도한 작품이다. 옛 명보극장을 철거하고 새로이 다섯 개의 극장이 들어서는 멀티플렉스를 계획하였다. 김중업 선생이 설계한 옛 건물의 일부분을 원형으로 남길 생각이었지만 수차례의 개·보수를 거친 콘크리트 구조라 여의치 않았다. 로비 공간을 광장에 노출시킴으로써 극장 앞 광장을 도시공간의 장소로 만들고 단성사에서 이곳을 지나 스카라극장, 대한극장에 이르는 영화의 거리를 함께 제안하였다.

예술의 전당 완성안 1994

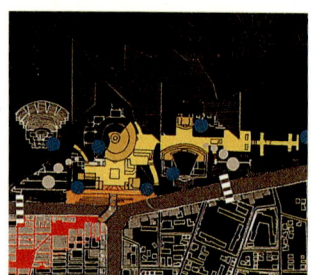

남부순환도로에 의해서 도시와 차단된 예술의 전당을 서울 전지역과 잇는 두 가지 계획을 제안하였다. 하나는 지하 문화가로를 통해 지하철에서 예술의 전당 곳곳으로 걸어갈 수 있게 하는 안이고, 다른 하나는 한강에서 모노레일로 예술의 전당에 직접 닿게 하는 안이다. 후자는 경복궁 일대의 역사구역이 용산의 신문화구역을 거쳐 사람이 걷는 한강의 다리를 지나 사법단지와 예술의 전당에 이르는 문화 인프라의 축을 전제로 한 것이다.

한국예술종합학교 1994

예술의 전당 안에 예술종합학교 본관이 들어서게 되어 건축가협회가 주관한 지명현상에서 당선되었다. 건물 설계 후 조달청 발주까지 끝났는데 서울시와의 협의과정에서 녹지 훼손을 줄이기 위해 국악당 쪽 지금의 자리로 이전되어 설계를 다시 하였다. 예술의 전당과 국악당 사이에 새로운 건물이 들어서더라도 기왕의 조화를 깨뜨리지 않고 공간을 확보하기 위해, 산을 파낸 지하공간에 투명한 집을 짓는 방식의 건축이 이루어졌다.

국립중앙박물관 현상안 1995

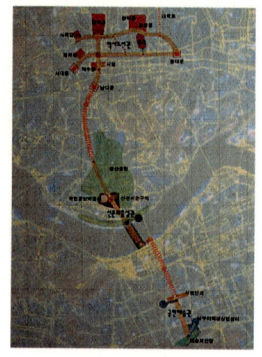

국립박물관이 용산으로 가는 것은 반대했지만 계획에 따라 국제현상이 진행되었으므로 참여했다. 지하철과 한강으로의 직접적 축이 우선되어야 하고 남산의 흐름이 그대로 이어져 한강으로 갈 수 있도록 가운데를 비워두어야 한다는 평소의 지론을 그렸다. 경복궁을 복원하고 경복궁의 옛 건축군과 고궁의 지하를 개발해 역사공간의 보존과 문화 인프라를 하나가 되게 하는 것이 중앙박물관이 가야 할 길이라는 본래의 생각에는 아직 변함이 없다.

축제의 계곡 안 1995

의왕 세계연극제가 정부와 연극제 관계자들이 참석한 가운데 선언되고 설계가 시작되었다. 계원예술전문학교로부터 백운호수에 이르는 버려진 계곡을 세계적 축제의 계곡으로 만들려는 계획인데, 마지막 한달을 남겨놓고 문화시설은 공공시설이 아니므로 그린벨트행위 허가를 할 수 없다는 건설교통부의 입장으로 무산되었다. 그후 의왕 세계연극제는 서울·경기연극제가 되었으나, 그린벨트도 문화인프라에는 문이 열리고 있어 다시 시작될 것을 기대한다.

베네찌아 비엔날레 한국관 1995

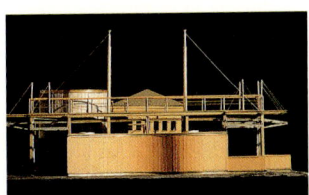

1896년에 시작된 까스뗄로 공원의 베네찌아 비엔날레는 세계 최고의 미술제전이지만 자국관이 없는 나라는 이딸리아관에 게스트로 초대될 뿐이다. 10년 전 마지막 국가관으로 선언된 오스트레일리아관 이후 중국, 아르헨띠나 등 열다섯 나라의 안을 제치고 나무를 베지 않고 싼 마르꼬 광장으로의 조망도 막지 않는 투명한 집을 아이디어로 하여 2년 여에 걸쳐 허가를 받고 비엔날레 100주년에 완성했다. 불가능한 일을 건축예술로 이루었다는 이딸리아 대통령의 말을 들었다.

서울디자인뮤지엄 안 1995

창덕궁과 담을 같이하고 있는 창덕궁 북서쪽 끝 선원전 바깥 부지다. 주변은 이미 비원을 다치는 건물로 가득하지만 담장과 고궁의 흐름을 부지 안에 남은 조선시대 말기의 주택으로 잇고 저층부를 불국사의 석축기단 같은 건축 형식으로 만든 위에 투명한 철골가구를 사방탁자같이 세우는 안을 그렸다. 베네찌아에서 시도했던, 현대 건축어휘로 표현된 한국 문명의 미학을 담은 건축을 발전시킨 것이다.

하늘의 마을 안 1996

첫 건축작품인 조선호텔 안 이후 하늘의 마을이 하늘로 솟은 수직가로 사이에 서게 될 건물임을 항상 잊지 않고 있었다. 방배동의 한샘사옥을 헐고 그 자리에 25년 동안 꿈꾸어온 건축을 실현하려는 안을 만들었다. 백남준 선생과의 2인전에 이 작품을 냈고 그 안이 '아시아를 넘어서'라는 이름으로 토오꾜오와 바르쎌로나에서 전시되었다. 지금까지 5년째 설계 중이다. 이만한 시간이면 세계적인 것을 만들 수 있어야 할 것이다.

서울 그린네트워크 안 1997

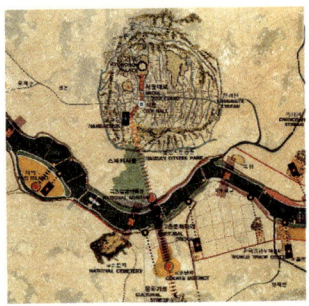

서울은 완강한 그린벨트로 둘러싸여 있어 한강을 중심으로 한 자연의 흐름이 장대한데, 정작 서울 한가운데는 자연으로부터 차단되어 있다. 외곽을 산으로 둘러싸고 있는 그린벨트를 한강변의 1000만 평 녹지공간을 통해 동서로 관통케 하고, 북한산 일대의 자연녹지를 남산과 미군기지, 보행전용 공간인 한강의 새로운 녹지공간 다리를 지나 우면산 기슭에 이르게 하여, 그린벨트가 도시 내부의 녹지축에 의해 십자로 이어져 서울 곳곳에 자연의 흐름이 닿게 하자는 계획이다.

건축용어 해설

가구식 架構式 구조 기둥 사이에 보를 얹어 구조체를 만드는 방법.

꾸뿔라 cupola 돔 지붕.

니치 niche 서양건축에서 벽면을 오목하게 파는 형태.

로뚠다 rotunda 천장을 돔으로 한 원형의 건물 또는 홀.

목가구 木架構 목구조에서 목재가 결구되는 법식과 사용된 부재의 총칭.

바질리까 basilica 고대 로마 건축에서 시장, 재판소, 집회장으로 사용되던 공공건물로 초기 기독교 건축에서 교회의 기본형이 된다.

박공 牔栱 지붕 건물의 모서리에 추녀가 없고 용마루까지 벽이 삼각형으로 되어 올라간 지붕. 맞배 지붕.

버트레스 buttress 볼트나 아치의 추력을 받기 위해 벽에 덧붙여 지어진 보강용의 벽. 버팀벽.

볼트 vault 아치에서 비롯된 곡면구조의 총칭.

뽀르띠꼬 portico 열주(列柱)로 지지되는 박공 지붕의 현관.

삘로띠 pilotis 지주나 기둥이라는 뜻으로, 1층에 기둥만 두어 지층을 개방하는 형태를 가리킴.

샤하르 바흐 chahar bach 양식 정방형의 정원을 네 부분으로 나누어서 조성하는 방식.

아케이드 arcade 기둥과 아치가 조합된 형태가 연속하여 형성하는 공간.

어프로치 approach 건축물로 들어가는 과정.

용마루 지붕의 중앙에 있는 수평마루.

장축형 평면 바질리까에서 발전된 형태로 의식은 입구의 반대쪽에서 행해지며 입장하는 과정이 중요시되어 직선축이 강조된다.

조적식 組積式 구조 벽돌, 돌, 시멘트 블록 등을 쌓아올려 구성한 구조.

중앙집중형 평면 로뚠다 형태로 회랑을 가진다. 의식은 대부분 중앙에서 이루어지며 입구의 반대쪽에 제단이 위치하기도 한다.

커튼월 curtain wall 구조적 역할은 하지 않고 비바람을 막기 위한 외벽.

키오스크 kiosk 이슬람 지역에 있는 일종의 정자.

파빌리언 pavilion 주건물에서 분리되어 세워진 장식적 구조물.

파싸드 façade 장식적으로 만들어진 건물의 전면 외벽.

피어 pier 기둥과 구별되는 견고한 지주(支柱).

회랑 gallery 종교건축이나 궁전건축 등에서 중요 부분을 둘러싸고 있는 지붕이 있는 복도.

찾아보기

ㄱ

가르 Gard 다리 177~86
게오르기 홀→성 게오르기 홀
고딕 Gothic 75, 193
골고타 Golgotha 언덕 109, 113, 116~17, 134
과스메이 시겔 Gwathmey Siegel 213
구겐하임 Guggenheim 미술관 115, 211~20
굼 Gum 161, 248
그라노비따야 Granovitaya 궁 250
그리스 Greece 18, 71~74, 77~80, 82, 84, 92, 120, 126, 168, 176, 184, 223~24, 235, 250, 265, 267, 273
기년전 祈年殿 143~44, 147, 151, 154
기번 E. Gibbon 96, 176
기자 Giza 15, 17~18, 20~22, 24~26, 28, 56~58, 72, 205, 209, 272
까따꼼베 Catacombe 29~38, 171
까라깔라 Caracalla 욕장 91, 96, 176
까를 Charles 다리 184
까쁘리 Capri 224, 226, 228~30
까삐똘리나 Capitolina 171
까삐똘리누스 Capitolinus 언덕 169, 172~73, 176
까삐똘리누스 Capitolinus 신전 128, 173
까스뗄로 Castello 공원 215, 218
까엘리나 Caelina 171
까엘리우스 Caelius 언덕 173
까이사르→율리우스 까이사르

깔리끄라떼스 Callicrates 74
깔릭스뚜스 까따꼼베→성 깔릭스뚜스 까따꼼베
깜뽀 Campo 광장 196
께짤꼬아뜰 Quetzalcoatl 신전 52, 55~56
꼬레르 Correr 박물관 189
꼬린뜨 Corint 식 기둥 91
꼬스딴자 성당→성 꼬스딴자 성당
꼰스딴띠노뽈리스 Konstantinopolis 54, 112, 119, 122, 124, 126~29, 167, 204, 207
꼰스딴띠누스 Constantinus 황제 109~10, 113, 127~29, 169
꼴로쎄움 Colosseum 96, 171
꾸비꿀라 cubicula 31
꾸뽈라 cupola 114
뀌리누스 Quirinus 173
끄라스나야 Krasnaya 광장 162
끄라쑤스 Crassus 176
끄렘린 Kremlin 156, 158~59, 161, 163~64, 243~54
끄리띠 Kriti 78, 235, 265~68, 277
끼끌라데스 Kikladhes 265~67
끼예프 Kiev 254

ㄴ

나라 奈良 102
나보나 Navona 광장 90, 96
나뽈레옹 Napoléon 19, 163, 189, 247, 250

나뽈레옹윙 Napoléon wing 189

나뽈리 Napoli 24, 36, 205, 223~26, 228~30

나일 Nile 강 15~17, 21~23, 26~28, 83~84, 201, 204~5, 208

네글린나야 Neglinnaya 강 49

네오 까메니 Neo-Kameni 266

누오보 Nuovo 성 229

뉴욕 New York 211, 214, 219~20, 253, 283, 288

니꼴스까야 Nikolskaya 탑 248

님 Nîmes 177, 179~80, 182

따뚜 大都 232, 242

따르꺼니우스 쁘리스꾸스 Tarquinius Priscus 황제 169

떼베레 Tevere 강 96, 171~73, 178

떼오띠우아깐 Teotihuacan 51~58

뚜파 tufa 29~31, 33, 35~36, 38

뜨라야누스 Trajanus 96, 176

뜨렌띠노 Trentino 188

뜨로이쯔까야 Troitskaya 탑 249~50

띠베리우스 Tiberius 황제 229

띠볼리 Tivoli 229

ㄷ

단떼 Dante 광장 229

달의 광장 52

달의 피라미드 52, 55~58

대끄렘린궁 244, 246~47

대운하 Canal Grande 189, 191, 198

델리 Delhi 40, 43~44, 48, 49

델오보 dell'Ovo 성 225

델타 Delta 지역 23

도리스 Doris 식 기둥 72, 74

도미니끄 Dominic 270, 276

도미띨라 까따꼼베→성 도미띨라 까따꼼베

돔 dome 41, 87, 91, 111~12, 119, 121~24, 129~30, 132, 136, 140, 152, 156, 190, 246, 250

두깔레 Ducale 궁 189~90, 193~94

두오모 Duomo 광장 257

디오끌레띠아누스 Diocletianus의 사원 132

디오니소스 Dionysos 신전 267

디오니소스 Dionysos 극장 78~79, 81

ㄹ

라띠움 Latium 30

라이트→프랭크 로이드 라이트

라킨 Lakin 빌딩 215

레닌 Lenin 248, 250

로꿀리 loculi 31

로뚠다 rotunda 87~89, 110~12, 118

로마 Roma 29~33, 36, 54, 62, 68, 72, 79~81, 85~88, 90~92, 94~96, 112, 119~22, 124, 126~28, 132, 140, 167~80, 182, 184~85, 195, 205, 224, 229, 235, 270, 288

로마네스끄 Romanesque 111, 193, 257

로마노프 Romanov 왕조 244

로물루스 Romulus 171, 173, 225

롬바르디아 Lombardia 인 188

롱샹 Longshamp 성당 115

룩소르 Luxor 26

르 꼬르뷔지에 Le Corbusier 215, 279~80, 283, 285~89

르네쌍스 Renaissance 85, 96, 189, 193, 253

리알또 Rialto 다리 187, 191, 196, 198~200
리야드 Riyadh 139, 260
리처드 로저스 Richard Rogers 62

ㅁ

마르쎄유 Marseille 186, 280, 288
마르쎄유 집합주거→유니뜨 다비따씨옹
마스타바 Mastaba 17~18
마야 Maya 문명 58
막센띠우스 Maxentius 121, 169
말타 Malta 신전 216
맨해튼 Manhattan 211, 216
메가리데 Megaride 성 223~30
메가리데 Megaride 선언 226, 228, 230
메디나 Medina 139
메소포타미아 Mesopotamia 216
메이지 明治 신궁 108
메카 Mecca 126, 131, 134, 139
메트로폴리탄 Metropolitan 미술관 211, 218
멕시코 Mexico 51~53, 55~56, 58
멕시코씨티 Mexico City 52, 54
멘카우라 Menkaura 왕 15, 18~19, 22
멤피스 Memphis 16
모데나 Modena 62~63
모리아 Moriah 산 134
모스끄바 Moskva 156, 158, 163, 243~44, 247, 250, 253~54
모스끄바 Moskva 강 244, 248, 252
모스크 mosque 45, 109, 113, 116, 122, 124~25, 135~36, 139, 206, 270

모자이끄 mosaic 133, 136, 141, 157, 190
몽골 Mongol 141, 156, 244
무굴 Mughul 제국 40, 43, 45, 47, 49
무하마드 Muhammad 131~32, 134, 136~39
무하마드 알리 Muhammad Ali 208
뭄타즈 마할 Mumtaz Mahal 40, 47
뮤지엄마일 Museum Mile 211
미께네 Mycenae 71~72, 78
미껠란젤로 Michelangelo 90, 191, 199
밀라노 Milano 60, 110, 253

ㅂ

바띠깐 Vatican 92, 107, 116, 171, 187, 196, 216
바르마 Barma 161
바빌론 Babylon 15
바씰리 사원→성 바씰리 사원
바자르 bazaar 205~6
바질리까 basilica 30, 110, 112, 121~22, 130, 169
반석 위의 돔 113, 131~42
버트레스 buttress 121
베끼오 Vecchio 다리 184
베네데또 끄로체 Benedetto Croce 거리 224
베네또 Veneto 188
베네찌아 Venezia 62~63, 75, 184, 187~91, 195~96, 198~200, 218~20, 230, 235
베드로 사원→성 베드로 사원
베라끄루스 Veracruz 52
베주비오 Vesuvio 산 226, 228~29
벵골 Bengal 40

보니파체 Boniface 4세 86
보메로 Vomero 언덕 223~24
보스포루스 Bosporus 해협 124, 130
보쥬 Vosges 광장 287
볼로냐 Bologna 62~63
볼트 vault 31, 36, 260
불레 Etienne Louis Boullee 216
붉은광장 159~61, 163~64, 187, 248, 250
블라고베시첸스끼 Blagoveshchensky 성당 250~51
블루 모스크 Blue Mosque 125
비뇰라 Vignola 191
비딸레 성당→성 비딸레 성당
비르고 Virgo 179
비미날리스 Viminalis 언덕 173
비아 돌로로사 Via Dolorosa 113
비잔띤 Byzantin 41, 86, 119~20, 126~27, 133, 140, 156~58, 189, 193, 195
빠르테논 Parthenon 46, 71~75, 78~79, 81, 95
빠리 Paris 209, 287
빤테온 Pantheon 46, 85~96, 116, 121, 140, 171, 215
빨라디오 Andrea Palladio 95, 191, 199, 259
빨라띠나 Palatina 171
빨라띠누스 Palatinus 언덕 96, 169, 173, 176
빨라이오 까메니 Palaio-Kameni 266
뻬리끌레스 Pericles 46, 72, 77~78, 128
뻬리사 Perissa 해안 268
뻬이징 北京 80, 144, 148, 152, 231~32, 235~36, 238~40, 242
뻬쩨르부르그 Peterburg 244, 247, 254
뽀르띠꼬 portico 192

뽀스뜨닉 야꼬블레프 Postnik Yakovlev 161
뽀에니 Poeni 전쟁 167, 169
뽐뻬이 Pompeii 205, 224, 226, 229~30
뽐뻬이우스 Pompeius 176
뽕삐두 쎈터 Pompidou Center 62
뾰뜨르 Pyotr 대제 251
뿌떼올리 Puteoli 229
뿌시낀 Pushkin 미술관 250
뿌에블라 Puebla 계곡 52
쁘라에네스떼 Praeneste의 성소 87
쁘로삘라에온 Propylaeon 71~72, 78
쁘로치다 Procida 섬 224, 226, 228~30
쁘로피띠스 일리아스 Profitis Ilias 산 267~68
삐라네시 Piranesi 176
삐레아스 Pireas 항 80
삐아쩨따 Piazzetta 189
삘로띠 pilotis 280, 284

ㅅ

샤하르 바흐 chahar bagh 양식 40
샤흐 자한 Shah Jahan 39, 40, 47~48, 50
샹쁠리옹 Champollion 24
성 게오르기 Georgi 홀 246
성 깔릭스뚜스 Calixtus 까따꼼베 32
성 꼬스딴자 Costanza 성당 121
성 도미띨라 Domitilla 까따꼼베 32
성묘 교회 109~18, 132, 134, 140
성 바씰리 Vasily 사원 45, 155~64, 244, 248, 251
성 베드로 Petrus 사원 92, 107, 196

성 비딸레 Vitale 성당 122
성 비아지오 Biagio 거리 224
성 쎄바스띠아누스 Sebastianus 까따꼼베 32, 34
수에즈 Suez 운하 83
스까모찌 Scamozzi 191
스빠까 나뽈리 Spacca Napoli 24, 225, 228~30
스빠르따 Sparta 267
스빠스까야 Spasskaya 탑 250
스핑크스 Sphinx 19, 26~28
시안 西安 80
신메이 즈꾸리 神明造 98
식년천궁 式年遷宮 97~99, 104~5
싸스키아 싸쎈 Saskia Sassen 254
싼 까딸도 San Cataldo 묘지 59~68
싼따 루치아 Santa Lucia 항 223, 226~27, 229~30
싼뗄모 Sant'Elmo 성 223~24, 226, 228, 230
싼도리니 Santorini 80, 265~78
싼 마르꼬 San Marco 광장 187~200, 230
싼 마르꼬 San Marco 성당 189~90, 193~94
싼 마리노 San Marino 62
싼조비노 Jacopo Sansovino 189, 191
싼 지미냐노 San Gimignano 255~64
쌀라딘 Saladin 206, 208
쎄나쯔까야 Senatskaya 탑 248
쎄르비우스 뚤리우스 Servius Tullius 172
쎄르비우스 Servius 성벽 173
쎄바스띠아누스 까따꼼베→성 쎄바스띠아누스 까따꼼베
쎈트럴 파크 Central Park 217
쏘렌또 Sorrento 228
쏘보르나야 Sobornaya 광장 250

쏘비에뜨 Soviet 전당대회장 243, 246~47, 250
쏠로몬 Solomon 왕 127, 132
쑤부라 Suburra 171, 173
쑤크 suq 203
쑬탄 무하마드 Sultan Muhammad 2세 122
쑬탄 말리크 Sultan Malik 131~32
쑬탄 아흐마드 Sultan Ahmad 125
쑬탄 알 구리 Sultan al-Ghuri 207
씨에나 Siena 187, 196, 257, 259, 261
씨칸데르 로디 Sikander Lodi 40

ㅇ

아고라 agora 78~79, 82, 267, 272
아그라 Agra 40~41, 43~45
아그라 Agra 성 40, 47~48, 50
아그리빠 Marcus Vipsanius Agrippa 87, 89
아꾸아 떼뿔라 Aqua Tepula 178
아꾸아 마르끼아 Aqua Marcia 178
아꾸아 아삐아 Aqua Appia 178
아끄로띠리 Akrotiri 265, 268, 270
아끄로뽈리스 Acropolis 71~84, 92, 95, 176
아니오 베뚜스 Anio Vetus 178
아드리아 Adria 해 188, 195
아드리아누스 Adrianus 87, 89, 92, 111, 184
아뜨리움 atrium 110
아뜰란띠스 Atlantis 272
아띠꾸스 Atticus 극장 71, 78~79, 81~82
아라베스끄 arabesque 141
아르꼬졸리움 arcosolium 31

아르항겔스끼 Arkhangelsky 성당 250~51
아리스또뗄레 피오라반떼 Aristotele Fioravante 244
아벤띠누스 Aventinus 언덕 173
아부 씸벨 Abu Simbel 신전 26
아브라함 Abraham 131~32, 136
아비뇽 Avignon 181~82, 185~86
아뻬아 Appia 가도 32, 36
아스떽 Aztec 인 55~56
아스쁘로니시 Aspronisi 266
아스완 Aswan 26
아야 쏘피아 Aya Sofya 89, 112, 119~30, 140
아우구스따 Augusta 179
아우구스뚜스 Augustus 황제 96, 167, 169, 174, 176
아치 arch 31, 180, 182, 190, 192, 199
아케이드 arcade 156
아크바르 Akbar 대제 40, 45, 47~48
아키반 Archiban 선언 66, 228, 275
아테나 Athena 신전 72
아테나 니께 Athena Nike 72, 78
아테나 빠르테노스 Athena Parthenos 74
아테나 쁘로마코스 Athena Promachos 72
아테네 Athenae 15, 71~74, 76~83, 273, 275, 277
안도오 타다오 安東忠雄 102
안또니오 다 뽄떼 Antonio Da Ponte 191, 198
안또니오 보지오 Antonio Bosio 32
알도 로씨 Aldo Rossi 59~60, 62~64, 66~67
알렉산드로스 Alexandros 128
알렉산드롭스끼 Aleksandrovsky 공원 250, 252
알렉산드리아 Alexandria 15, 24, 78, 83, 136, 205, 209
알씨에띠나 Alsietina 179

알제 Alger 80
알함브라 Alhambra 궁 41~42
야르카스 알 할릴리 Jarkas al-Khalili 207
야무나 Yamuna 강 40, 50
야훼 Yahweh 신전 132
에끼아 Echia 언덕 228
에렉테우스 Erechtheus 73
에렉테이온 Erechtheion 71~73, 78
에르꼴라노 Ercolano 205, 224, 229
에리체 Erice 80
에스뀔리나 Esquilina 171
에스뀔리누스 Esquilinus 언덕 169, 173
에스빠냐 España 275
에에게 Aegae 해 235, 265~66
에페비 Ephebi 경기장 268
예루살렘 Jerusalem 110, 116~18, 124, 131~32, 134, 136, 142
오스만 Osman 122, 203~4, 207
올리베띠 Olivetti 홀 196
올림뽀스 Olympos 산 82
올림삐아 Olympia 신전 15, 79
우스뻰스끼 Uspensky 성당 243~44, 250
우스타드 아흐마드 Ustad Ahmad 49
원구 圓丘 143~45, 147, 150~51, 153~54
위제 Uzès 182
위칼라 wikala 203
유니뜨 다비따씨옹 Unite D'habitation 279~89
유리 돌고루끼 Yuri Dolgoruky 황제 244
유스띠니아누스 Justinianus 황제 120, 127, 129
율리아 Julia 179

율리우스 까이사르 Julius Caesar 24, 173~74 , 176

이딸리아 Italia 62, 66, 132, 158, 195, 224, 228~29, 243~44, 247, 257, 262~63

이반 Ivan 3세 243~44

이반 Ivan 대제 156, 246, 250~53

이븐 툴룬 Ibn Tulun 모스크 206, 208

이삭 Isaac 131~32, 136

이세 伊勢 신궁 97~108

이소자끼 아라따 磯崎新 102

이스끼아 Ischia 섬 224

이스탄불 Istanbul 124, 126

이슬람 Islam 22, 39, 41, 109, 111, 117, 119, 122, 124, 126, 131~40, 157, 201~2, 206

이아 Ia 265, 268, 270, 273, 275, 278

이오니아 Ionia 식 기둥 72~74

이집트 Egypt 15~18, 21~22, 24~26, 28, 43, 64, 75, 84, 169, 203, 205, 208~9, 216

익띠노스 Ictinos 74

임호텝 Imhotep 17

잉카 Inca 58

ㅈ

자금성 紫禁城 148~54, 231~42

자한기르 Jahangir 47

자한 황제→샤흐 자한

재궁 齋宮 147, 149

조세르 Zoser 왕 17~18, 216

존슨왁스 Johnsonwax 사옥 215

죽은 자의 거리 51~52, 55~56

지구라트 Giggurat 216

찌기 千木 100, 108

ㅊ

창안 長安 242

천단 天壇 232, 143~154

천안문 天安門 232, 236~37

치스떼르나 Cisterna 광장 256

치시티 Chishti 40

ㅋ

카 ka 17, 21~22

카바 Ka'bah 신전 131, 134

카시미르 Kashmir 40

카우프만 하우스 Kaufman House 215

카이로 Cairo 16, 21~22, 64, 82~84, 101, 201~10

카쯔오끼 鰹木 99, 108

카프라 Khafra 왕 15, 18~19, 22~24, 26~27, 56

칼바리 Calvary 109, 111

캐러밴 caravan 202, 204, 208

커튼윌 curtain wall 281

케말 파샤 Kemal Pasha 122

케옵스 Cheops 18

쿄오또 京都 80, 102

쿠푸 Khufu 왕 15, 18~19, 22~24, 56

키블라 qiblah 139

키오스크 kiosk 41

찾아보기 303

ㅌ

타지 마할 Taj Mahal 39~50
태양의 피라미드 52, 55~58
태화전 太和殿 233, 236~37
테아 바씰레이아 Thea Basileia 268
테오도시우스 Theodosius 24, 128
텐진 天津 235
통곡의 벽 135
티라 Thira 섬 265~66, 268~71, 273~74, 276~77
티라시아 Thirasia 266~71
티무리드 Timurid 왕조 40

ㅍ

파라오 Pharaoh 17, 19~23, 25~26, 28, 130, 201, 208, 210
파싸드 façade 189, 194, 246
파테흐푸르 Fatehpur 성 40
파티마 fatima 족 21, 202
페르시아 Persia 40~41, 72, 111, 133, 207
페트리 Flinders Petrie 18
포까스 Phocas 86
포로 로마노 Foro Romano 91~92, 96, 167~76, 184
프랭크 로이드 라이트 Frank Lloyd Wright 211~12, 215~16, 218
프레리 하우스 Prairie House 215
프레스꼬 fresco 31, 157
프로방스 Provence 182
프리울리 Friuli 188
플라스터 plaster 31
플레처 Banister Fletcher 103

피디아스 Phidias 74
피라미드 Pyramid 15~28, 56~58, 72, 76, 91~92, 107, 130, 136, 185, 205, 208~9, 216, 272
피렌쩨 Firenze 85
피어 pier 121

ㅎ

하비타트 HABITAT Ⅱ 126, 130, 230
한 khan 203, 206~27
한 알 할릴리 Khan al-Khalili 21, 83, 201~10
헤링본 herringbone 형식 256
헤로도또스 Herodotos 21, 24
헤롯 Herod 136, 141
황궁우 皇穹宇 144, 147, 150~51
회음벽 回音壁 150
휘트니 Whitney 미술관 218, 220